图解机械加工技能系列丛书

图解车削加工技术

主　编　贾恒旦
副主编　吴亚东
参　编　孟玉霞　贾司晨　谢　亮　汤玉兰

机 械 工 业 出 版 社

本书以最新的《国家职业技能标准　车工》五级(初级)、四级(中级)为依据,详细介绍了车工所必须掌握的基本知识和操作技能。本书主要内容包括:车削的工作内容及安全操作规范,卧式车床常用部件及附件,车刀及刃磨,车工常用量具及使用,轴类工件的车削,套类工件的车削,圆锥类工件的加工,螺纹车削加工,特形面的车削,偏心工件的加工,以及其他加工方法。本书内容由浅入深,图文并茂,完全以图解方式展示了车削加工全过程,并将相关的操作技巧和丰富的实践经验贯穿其中。本书配有27个二维码,扫码可观看操作视频。

本书可供广大车工自学时使用,也可供本科学校、职业院校和技工学校机械专业师生在实习实训时参考。

图书在版编目(CIP)数据

图解车削加工技术/贾恒旦主编. —北京:机械工业出版社,2015.12
(2019.1重印)
(图解机械加工技能系列丛书)
ISBN 978-7-111-52538-7

Ⅰ.①图…　Ⅱ.①贾…　Ⅲ.①车削—图解　Ⅳ.①TG51-64

中国版本图书馆CIP数据核字(2015)第318584号

机械工业出版社(北京市百万庄大街22号　邮政编码100037)
策划编辑:赵磊磊　责任编辑:赵磊磊
责任校对:黄兴伟　封面设计:路恩中
责任印制:孙　炜
保定市中画美凯印刷有限公司印刷
2019年1月第1版第2次印刷
184mm×260mm·14.5印张·274千字
3 001—4 000册
标准书号:ISBN 978-7-111-52538-7
定价:39.80元

凡购本书,如有缺页、倒页、脱页,由本社发行部调换
电话服务　　　　　　　　网络服务
服务咨询热线:010-88361066　机工官网:http://www.cmpbook.com
服务购书热线:010-88326294　机工官博:http://weibo.com/cmp1952
　　　　　　010-88379203　金　书　网:www.golden-book.com
封面无防伪标均为盗版　　教育服务网:www.cmpedu.com

前　言

　　机械制造工业是制造业重要的组成部分之一，它担负着向国民经济的各行各业提供机械装备的任务。我国现代化建设的发展速度在很大程度上取决于机械制造工业的发展水平，从这个意义上说，机械制造工业的发展水平是关系全局的。

　　随着现代制造业的高速发展，机械产品正朝着精密化方向发展。但在实际生产中，绝大多数的机械零件仍需通过切削加工的方式达到规定的几何精度，特别是车削加工在金属切削加工领域所占比例较大，从事车削加工的从业人员较多。为满足广大车工学习的需要，提高其理论知识和技能操作水平，我们编写了本书。

　　本书以最新的《国家职业技能标准　车工》五级（初级）、四级（中级）为依据，详细介绍了车工所必须掌握的基本知识和操作技能。本书主要内容包括：车削的工作内容及安全操作规范，卧式车床常用部件及附件，车刀及刃磨，车工常用量具及使用，轴类工件的车削，套类工件的车削，圆锥类工件的加工，螺纹车削加工，特形面的车削，偏心工件的加工，以及其他加工方法。本书内容由浅入深，图文并茂，完全以图解方式展示了车削加工全过程，并将相关的操作技巧和丰富的实践经验贯穿其中。本书配有27个二维码，扫码可观看操作视频。本书可供广大车工自学时使用，也可供本科学校、职业院校和技工学校机械专业师生在实习实训时参考。

　　本书由贾恒旦任主编，吴亚东任副主编，孟玉霞、贾司晨、谢亮、汤玉兰参加编写。

　　由于时间仓促及编写水平有限，书中不足之处在所难免，希望广大读者批评指正。

编者

目　　录

第一章　车削的工作内容及安全操作规范

一、车床

在机械加工行业中，车床常被称作所有设备的工作"母机"。车床以车削旋转类工件为主，常用于车削轴、盘、套和其他具有回转表面的工件。

车床外观图

二、车削加工的主要工件及加工方法

车削加工是机械加工中最常见、最通用、最基本、最典型的一种加工方法。车削加工的工件占机械加工工件总量的35%~40%。车床通过安装在车床上的刀具与工件做相对运动，来完成回转表面工件的车削加工。

车削加工的主要工件

↓ 车削加工的主要方法

1）车削端面

使用 45° 外圆车刀，车削工件的端面。

2）车削外圆

使用 90° 外圆车刀，车削工件的外圆。

3）车直沟槽

使用切断车刀，在工件上车直沟槽。

4）车角度沟槽

使用角度车刀，在工件上车角度沟槽。

5）车 45° 沟槽

使用切断车刀，在工件端面上车 45° 工艺退刀沟槽。

6）车 R 沟槽

使用 R 车刀，在工件端面上车 45° R 工艺退刀沟槽。

7）钻削中心孔

使用中心钻，在工件的端面上钻削中心孔。

8）钻孔

使用麻花钻头，在工件端面处进行钻孔。

9）车（镗）孔

使用45°通孔车刀，在工件内孔里车（镗）内孔。

10）铰孔

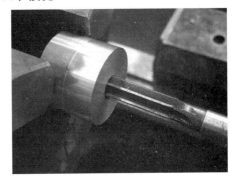

使用铰刀，在工件的通孔里进行铰孔。

11）攻螺纹

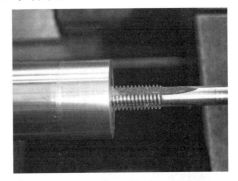

使用丝锥，在工件的内孔里攻内螺纹。

12）套螺纹

使用圆板牙，在工件外圆表面套螺纹。

13）车螺纹

使用普通螺纹车刀，在车床上车削普通外螺纹。

14）切断

使用切断刀，切断工件。

15）车削锥体

使用 90º 外圆车刀，在工件外圆上车削外圆锥度。

16）车削圆球

使用 R 外圆车刀，在工件外圆上双手操作车削圆球。

17）滚花

使用滚花刀，在工件外圆表面进行滚花。

三、车工安全操作规程

1）着装规范

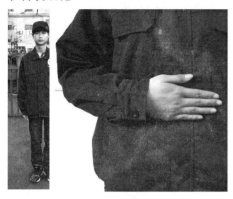

① 要选用合格的工作服，着装一定要规范，衣扣要扣整齐，袖口要扣好。

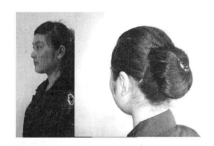

② 女员工有长头发者，一定要将长头发盘好、扎紧。

③ 帽子佩戴要正确，后面的长头发和前额及两鬓角的头发都要压在帽檐里边。

2）佩戴工作帽的错误方式

① 女员工鬓角边的头发漏出太长，有被旋转工件卷入的危险。

② 女员工后面的长头发没有戴进帽檐里，也是一种错误的方式。

3）不正确的着装

① 女员工禁止穿裙子和高跟鞋上岗。

② 员工严禁穿凉鞋上岗操作。

③ 严禁反穿工作服。

4）行为安全

① 脚踏操纵杆，严重违反安全操作规程。

② 操作时，不能戴耳机或看手机。

③ 在操作车床时，不能抽烟或嚼口香糖。

5）违规操作

① 口吹切屑。

② 工作服的袖口没有扣好，遇到工件旋转时，工作服的袖口就会有被旋转的工件卷入的危险，很容易发生事故。

③ 严禁戴手套，操作车床。

6）正确的操作姿势

① 操作车床时，操作者的身体、眼睛不能离旋转的工件太近，这样极容易被飞出的切屑伤到身体或眼睛。

② 高速切削或车削铸铁件、断续切削时，一定要戴防护眼镜，防止细小的切屑飞出而伤到操作者的眼睛。

7）关注周边的安全

① 注意手不能靠近齿轮、带轮等，以防发生安全事故；需要打开交换齿轮箱时，必须在切断电源后，才能进行操作。

② 要特别注意扣好工作服下摆的扣子，别让身体和工作服靠近旋转中的光杠或丝杠，防止工作服被旋转的机件卷入，而造成人身事故。

8）车刀必须夹牢固

刀具要安装牢靠，以免飞出伤人；安装车刀时，必须停机，并关闭电源。

9）装夹安全

① 卡盘安装完毕前，在主轴轴颈上，必须安装上卡盘的保险装置，防止车床主轴在紧急反车时，卡盘掉下而造成事故。

② 装夹工件时，一定要装紧、夹牢；必要时，可采用加力杆进行辅助装夹。防止工件在强力切削时，工件松动，飞出伤人。

③ 在卡盘上装卸工件后，一定要及时将卡盘扳手从卡盘上取下来，防止主轴突然起动时，将卡盘扳手甩出，而造成事故。

10）装夹细长工件

① 工件的毛坯、棒料从车床主轴孔尾端伸出原则上不允许大于200mm，防止在离心力的作用下，将工件甩弯而伤到其他人。

② 当工件长度已经超出车床主轴孔尾端时，必须加装托架或围栏；必要时，再加装料架挡板或做出明显的警示标志。

11）关闭电源

① 在装夹刀具或装卸工件时，必须关闭车床的电源，才能进行操作，防止意外发生。

② 在主轴变速或测量工件时，必须关闭电源；防止主轴意外旋转，打坏主轴箱中的齿轮，损坏量具和造成人身事故。

③ 临时离开车床期间，必须先停机，并关闭车床电源；严禁委托他人看管。

12）杜绝违规操作

① 严禁用手去触摸旋转中的工件表面；绝不允许因好奇心而直接用手去感受旋转工件的表面粗糙度。

② 严禁用棉纱擦拭旋转的工件，防止因棉纱而将手和工件缠到一起，造成安全事故。

③ 禁止用手触摸旋转的卡盘。

13）清除切屑安全

① 严禁直接用手去清除切屑。

② 必须使用专用的切屑钩，去清除车床上的切屑。

14）加工螺纹的安全操作规范

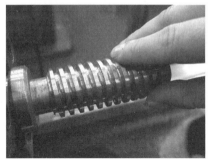

① 车削螺纹时，严禁用手触摸旋转的螺纹表面，防止螺纹表面的毛刺伤及手指。

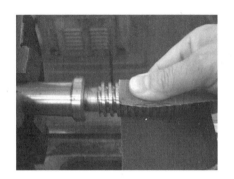

② 严禁用手握纱布抛光旋转的内、外螺纹表面。

15）修锉、抛光的安全操作规范

① 用锉刀在卧式车床上修锉工件时，严禁左手在前的操作方式，这是因为操作者的身体离旋转的卡盘太近，极易造成安全事故。

提示：正确方法是右手在前，手握锉刀前端，左手在后，握住锉刀刀柄，身体远离卡盘。

② 严禁用手直接缠绕纱布进行抛光。

③ 在抛光内孔时，极易将手指带进孔内，造成安全事故。

④ 正确的方法是：在车床上抛光工件内孔时，必须使用合格的木棒，缠住纱布后，再进行操作。

16）电气安全

① 车床发生故障时，要及时停机、报告，并请机修钳工、维修电工进行检查、修理，直到故障排除后，才能使用。

② 严禁非专业人员擅自拆卸车床上的零部件。

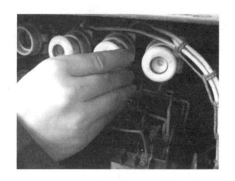

③ 严禁非维修电工人员擅自修理、拆卸车床的电气设备，防止发生触电事故。

④ 车床电气发生故障时，要及时停机、报告，并请专业维修电工进行检查、修理。

四、车床的常用型号

为了便于管理和使用，必须给每种机床定一个型号。我国目前机床型号的编制，按 GB/T 15375—2008《金属切削机床 型号编制方法》实行。

机床型号是机床产品的代号，由汉语拼音字母和阿拉伯数字组成，用以表示机床的类别、使用和结构的特性以及主要规格。例如 CM6140 型卧式车床，型号中的代号及数字的含义如下：

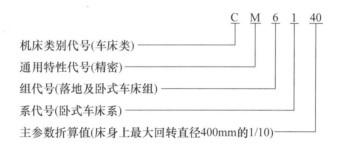

```
                                    C   M   6   1   40
机床类别代号(车床类)——————————————————————┘   │   │   │   │
通用特性代号(精密)————————————————————————————┘   │   │   │
组代号(落地及卧式车床组)—————————————————————————————┘   │   │
系代号(卧式车床系)————————————————————————————————————————┘   │
主参数折算值(床身上最大回转直径400mm的1/10)—————————————————————┘
```

⊃ 1. 机床的类代号

机床的类代号用大写汉语拼音字母表示，并按其相对应的汉字按意读音。如"车床"用"C"表示，读音为"车"。

▼ 机床的类代号

类别	车床	钻床	镗床	磨床			齿轮加工机床	螺纹加工机床	铣床	刨插床	拉床	锯床	其他机床
代号	C	Z	T	M	2M	3M	Y	S	X	B	L	G	Q
读音	车	钻	镗	磨	二磨	三磨	牙	丝	铣	刨	拉	割	其

⊃ 2. 机床的通用特性代号

机床的通用特性代号用大写的汉语拼音字母表示。它代表机床具有的特别性能，如"高精度"用"G"表示，"精密"用"M"表示。在机床型号中特性代号排在机床类代号的后面。

▼ 机床的通用特性代号

通用特性	高精度	精密	自动	半自动	数控	加工中心（自动换刀）	仿形	轻型	加重型	柔性加工单元	数显	高速
代号	G	M	Z	B	K	H	F	Q	C	R	X	S
读音	高	密	自	半	控	换	仿	轻	重	柔	显	速

⇨ 3. 机床的组、系代号

机床的组、系用两位阿拉伯数字表示。第一个数字代表组代号，第二个数字代表系代号。每类机床按用途、性能、结构分成若干组。如车床类分为十个组，用数字"0~9"表示，其中"5"代表立式车床组，"6"代表落地及卧式车床组。在落地及卧式车床组中有 10 个系，其中"1"表示卧式车床，"2"表示马鞍车床。

▼ 车床类组、系的划分

组代号	组名称	系代号	系名称	组代号	组名称	系代号	系名称
0	仪表小型车床	0	仪表台式精整车床	3	回轮、转塔车床	0	回轮车床
		1				1	滑鞍转塔车床
		2	小型排刀车床			2	棒料滑枕转塔车床
		3	仪表转塔车床			3	滑枕转塔车床
		4	仪表卡盘车床			4	组合式转塔车床
		5	仪表精整车床			5	横移转塔车床
		6	仪表卧式车床			6	立式双轴转塔车床
		7	仪表棒料车床			7	立式转塔车床
		8	仪表轴车床			8	立式卡盘车床
		9	仪表卡盘精整车床			9	
1	单轴自动车床	0	主轴箱固定型自动车床	4	曲轴及凸轮轴车床	0	旋风切削曲轴车床
		1	单轴纵切自动车床			1	曲轴车床
		2	单轴横切自动车床			2	曲轴主轴颈车床
		3	单轴转塔自动车床			3	曲轴连杆轴颈车床
		4	单轴卡盘自动车床			4	
		5				5	多刀凸轮轴车床
		6	正面操作自动车床			6	凸轮轴车床
		7				7	凸轮轴中轴颈车床
		8				8	凸轮轴端轴颈车床
		9				9	凸轮轴凸轮车床
2	多轴自动、半自动车床	0	多轴平行作业棒料自动车床	5	立式车床	0	单柱立式车床
		1	多轴棒料自动车床			1	双柱立式车床
		2	多轴卡盘自动车床			2	单柱移动立式车床
		3				3	双柱移动立式车床
		4	多轴可调棒料自动车床			4	工作台移动单柱立式车床
		5	多轴可调卡盘自动车床			5	
		6	立式多轴半自动车床			6	
		7	立式多轴平行作业半自动车床			7	定梁单柱立式车床
		8				8	定梁双柱立式车床
		9				9	

（续）

组		系		组		系	
代号	名称	代号	名称	代号	名称	代号	名称
6	落地及卧式车床	0	落地车床	8	轮、轴、辊、锭及铲齿车床	0	车轮车床
		1	卧式车床			1	车轴车床
		2	马鞍车床			2	动办曲拐销车床
		3	轴车床			3	轴颈车床
		4	卡盘车床			4	轧辊车床
		5	球面车床			5	钢锭车床
		6	主轴箱移动型卡盘车床			6	
		7				7	立式车轮车床
		8				8	
		9				9	铲齿车床
7	仿形及多刀车床	0	转塔仿形车床	9	其他车床	0	落地镗车床
		1	仿形车床			1	
		2	卡盘仿形车床			2	单能半自动车床
		3	立式仿形车床			3	气缸套镗车床
		4	转塔卡盘多刀车床			4	
		5	多刀车床			5	活塞车床
		6	卡盘多刀车床			6	轴承车床
		7	立式多刀车床			7	活塞环车床
		8	异形多刀车床			8	钢锭模车床
		9				9	

➲ 4. 主参数代号

机床型号中的主参数用折算值（主参数乘以折算系数）表示，主参数代号反映机床的主要技术规格。主参数的尺寸单位为 mm。如 CM6140 车床，主参数折算后为 40，折算系数为 1/10，即主参数（床身上最大回转直径）为 400mm。

▼ 车床主参数及折算系数

车 床	主 参 数	主参数折算系数	第二主参数
单轴自动车床	最大棒料直径	1、$\frac{1}{10}$	
多轴自动车床	最大棒料直径	1、$\frac{1}{10}$	轴数
多轴半自动车床	最大车削直径	$\frac{1}{10}$	轴数
回轮车床	最大棒料直径	1	
转塔车床	最大车削直径	1、$\frac{1}{10}$	
单柱及双柱立式车床	最大车削直径	$\frac{1}{100}$	
落地车床	最大工件回转直径	$\frac{1}{100}$	最大工件长度
卧式车床	床身上最大工件回转直径	$\frac{1}{10}$	最大工件长度
铲齿车床	最大工件直径	$\frac{1}{10}$	最大模数

○ 5. 机床的重大改进顺序号

当机床的结构、性能有重大改进和提高，按其设计改进的先后顺序分别用字母 A、B、C……表示，附在机床型号的末尾，以示区别于原机床型号。如 CM6140A 表示经第一次重大改进的床身上最大回转直径为 400mm 的卧式车床。

五、卧式车床的日常保养

（1）卧式车床日常加油润滑点

1）刀架

使用油枪，对刀架顶端的注油孔进行加油。

2）中滑板

① 使用油枪，对中滑板丝杠轴颈端的注油孔进行加油。

② 使用油枪，对中滑板导轨的注油孔进行加油。

3）尾座

使用油枪，对尾座丝杠的注油孔进行加油。

4）进给箱

使用油枪，对进给箱加油槽的注油孔进行加油。

5）溜板箱

使用油枪，对溜板箱的注油孔进行加油。

6）床鞍

车床床鞍
注油杯

使用油枪，对床鞍的注油杯进行加油。

7）支承轴颈

光杠、丝杠轴颈加油槽

使用油枪，对光杠、丝杠支承轴颈的注油槽进行加油。

（2）卧式车床的日常保养

1）擦试变速箱

使用抹布，擦试变速箱。

2）擦拭铭牌

使用抹布，擦拭进给箱上的铭牌。

3）擦拭进给箱

使用抹布，擦拭进给箱。

4）擦拭变速箱背面

使用抹布，擦拭变速箱背面。

5）擦拭卡盘

使用抹布，擦拭自定心卡盘。

6）擦拭尾座外表

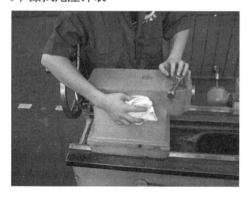

使用抹布，擦拭卧式车床尾座的外表。

7）擦拭尾座套管

使用抹布，擦拭卧式车床尾座套管的外表。

8）擦拭尾座锥孔

使用抹布，擦拭卧式车床尾座套管的锥孔。

9）尾座套管加油

使用油枪，对卧式车床尾座套管的外表进行加油。

10）尾座锥孔加油

使用油枪，对卧式车床尾座套管的锥孔进行加油。

11）擦拭照明灯

使用抹布，擦拭卧式车床的照明灯。

12）擦拭刀架

① 使用抹布，擦拭卧式车床刀架的表面。

② 使用抹布，擦拭卧式车床刀架锁紧螺栓的表面。

③ 使用抹布，擦拭卧式车床刀架的底部。

13）刀架加油

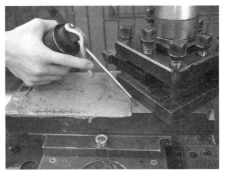

① 使用油枪，对卧式车床刀架的底部进行加油。

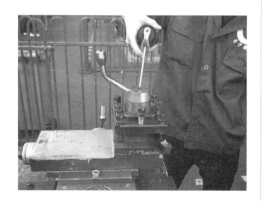

② 使用油枪，对卧式车床刀架顶部的注油孔进行加油。

14）擦拭小滑板

① 使用抹布，擦拭卧式车床小滑板的外表。

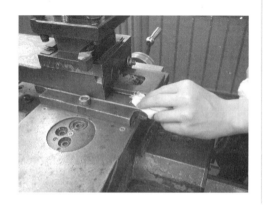

② 使用抹布，擦拭卧式车床小滑板的导轨。

15）小滑板加油

加油

使用油枪，对卧式车床小滑板的导轨进行加油。

16）小滑板回位

转动小滑板的手柄，让小滑板回位。

17）擦拭中滑板

① 使用抹布擦拭卧式车床中滑板的表面。

② 使用抹布，擦拭卧式车床中滑板燕尾导轨面。

③ 使用抹布，擦拭卧式车床中滑板的丝杠。

18）加油

使用油枪，对卧式车床中滑板的导轨进行加油。

19）擦拭刻度盘

使用抹布，擦拭卧式车床中滑板刻度盘的表面。

20）刻度盘加油

使用油枪，对卧式车床中滑板刻度盘的注油孔进行加油。

21）回位

转动中滑板的手柄，让中滑板回位。

22）打开保护罩

用手打开卧式车床中滑板的保护罩。

23）擦拭中滑板

使用抹布，擦拭卧式车床中滑板的前导轨。

24）擦拭丝杠

使用抹布，擦拭卧式车床中滑板的丝杠及内槽。

25）中滑板导轨及丝杠加油

① 使用油枪，对卧式车床中滑板导轨进行加油。

② 使用油枪，对卧式车床中滑板丝杠进行加油。

26）装上防护罩

装回中滑板丝杠前面防护罩。

27）擦拭溜板箱

① 使用抹布，擦拭溜板箱后面的外表面。

② 使用抹布，擦拭溜板箱前面的外表面及手柄。

28）擦拭大刻度盘

使用抹布，擦拭溜板箱上面的大刻度盘。

29）擦拭导轨

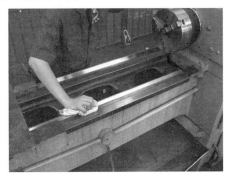

① 使用抹布，擦拭卧式车床前导轨。

② 使用抹布，擦拭卧式车床后导轨。

③ 使用抹布，擦试卧式车床导轨中间的内槽。

30）导轨加油

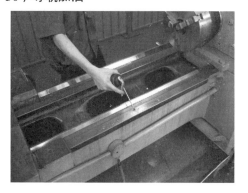

使用油枪，对卧式车床导轨进行加油。

31）移动尾座

用双手推动卧式车床的尾座向前移动。

32）擦拭尾部导轨

使用抹布擦拭卧式车床尾部的导轨。

33）尾部导轨加油

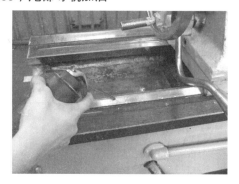

使用油枪，对卧式车床尾部导轨进行加油。

34）拉回尾座

用手拉回卧式车床的尾座，停在车床导轨的尾部。

35）锁紧尾座

用手握住尾座的锁紧手柄，锁住尾座。

36）移动溜板箱

移动溜板箱，靠近卧式车床的尾座。

37）擦拭外表

使用抹布擦拭卧式车床床身的全部外表。

38）擦拭光杠

使用抹布擦拭卧式车床的光杠、操纵杆。

39）擦拭丝杠

擦丝杠

使用抹布擦拭卧式车床的丝杠。

40）丝杠加油

① 使用油枪，对卧式车床的丝杠进行加油。

② 使用油枪对卧式车床丝杠、光杠、操纵杆的支承座进行加油。

41）拉出切屑盘

用双手拉出卧式车床的切屑盘。

42）清理切屑盘

使用抹布清理卧式车床的切屑盘。

43）清理结束

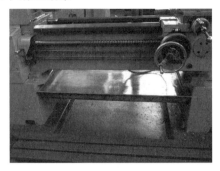

卧式车床的日常保养结束。

第二章　卧式车床常用部件及附件

一、卧式车床主要零部件

1）床身

床身是卧式车床的支承主体，普通卧式车床的主要部件都安装在床身上。

2）主轴箱

主轴箱固定在床身的左上端，主轴箱内装有主轴和齿轮变速机构，由电动机经过齿轮变速带动主轴旋转，实现普通卧式车床的主运动；普通卧式车床主轴箱的正面装有换档变速手柄，主轴箱的前端装有自定心卡盘，用于装夹工件。

3）进给箱

进给箱固定在床身的左下端，进给箱的正面装在三个手柄，用于调整机动进给的进给量和螺纹导程。

4）床鞍

床鞍安装在普通卧式车床床身的导轨上，床鞍的上面支承中、小滑板，下面连接溜板箱，床鞍可以沿着导轨作纵向移动，并给中滑板提供了横向移动的导轨。

5）溜板箱

溜板箱固定在床鞍的底部，进给箱的运动传递给溜板箱，溜板箱使床鞍进行纵向进给，使床鞍上面的中滑板进行横向进给，并能进行快速移动。

6）中、小滑板

中、小滑板固定在床鞍的上部，中滑板通过床鞍的纵向、横向导轨实现纵、横向移动，并通过调整小滑板转盘的角度，实现锥度的车削。

7）刀架

刀架固定在小滑板的上部，用于安装、固定车刀，通过车刀来车削工件的外圆、内孔，深度、特形面、螺纹等。

8）尾座

尾座装在普通卧式车床床身右端的导轨上，尾座可以沿着导轨作纵向移动，既用于安装起支承作用的活动顶尖，也可以安装用于加工内孔的刀具（如麻花钻头、铰刀等）进行内孔加工。

9）导轨

位于床身上部的导轨，起着支承、纵向导向溜板箱、尾座的作用。

10）丝杠、光杠、操纵杆

位于床身前面的中部位置，通过安装在床身两端的支承座与溜板箱的齿轮机构连接，直接输送进给箱传递过来的运动给溜板箱，实现纵向、横向运动，主轴正、反转。

11）溜板箱大手轮

溜板箱的大手轮及刻度盘，刻度盘分为300格，每转过1格，表示床鞍纵向移动1mm。

12）中滑板手柄

中滑板的手柄及刻度盘，刻度盘分为100格，每转过1格，表示刀架横向移动0.05mm。

13）小滑板手柄

小滑板的手柄及刻度盘，刻度盘分为100格，每转过1格，表示刀架纵向移动0.05mm。

二、自定心卡盘和单动卡盘

⊃ 1. 自定心卡盘

自定心卡盘是三爪联动，里面有一个端面螺旋，在外圆上有三个扳手孔，只要将卡盘扳手插入三个扳手孔中任何一个孔，转动其螺杆，都可以使三个爪同时移动，实现自动定心，特别适合装夹规则工件。

自定心卡盘

自定心卡盘装在床头上

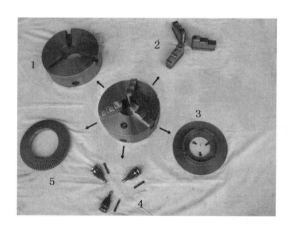

自定心卡盘的结构
1—卡盘体　2—卡爪　3—防尘盖　4—锥齿轮　5—大锥齿轮

自定心卡盘拆卸分解步骤

1）退出卡爪

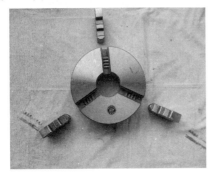

将三个卡爪从自定心卡盘中退出。

2）主体翻身

将自定心卡盘主体翻转过来。

3）拆螺钉

使用螺钉旋具拆除自定心卡盘主体背面的挡板螺钉。

4）拆除背板

① 使用螺钉旋具撬动自定心卡盘主体背面的挡板。

② 使用双手扣住挡板的内孔，拉出自定心卡盘主体背面的挡板。

③ 用手指扣住挡板的内孔，移开自定心卡盘主体背面的挡板。

5）拆除小锥齿轮

① 使用螺钉旋具拆除自定心卡盘主体背面的锥体齿轮螺钉。

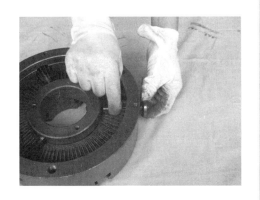

② 用手将自定心卡盘主体背面的小锥齿轮拆除。

6）拆除大锥齿轮

① 用手将自定心卡盘主体背面的小锥齿轮拿出。

② 将自定心卡盘主体背面的零件按相应的位置摆放好。

③ 用双手将自定心卡盘主体背面的大锥齿轮顶出。

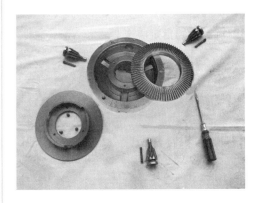

④ 将自定心卡盘主体背面的大锥齿轮与卡盘体进行分解。

⑤ 用手将自定心卡盘主体背面的大锥齿轮从卡盘体中移出。

7）卡盘体

自定心卡盘的卡盘体。

8）拆卸后的自定心卡盘

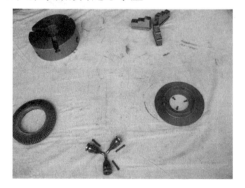

被分解的自定心卡盘。

↓ 自定心卡盘组装步骤

1）摆好卡盘体

① 摆好自定心卡盘的卡盘体。

② 用双手把大锥齿轮放入自定心卡盘的卡盘体里。

2）装大锥齿轮

使用铜棒或木棒，在大锥齿轮圆周上轻轻地敲平、敲实。

3）装小锥齿轮

① 用手把一个小锥齿轮装在自定心卡盘的主体侧面的内孔里。

② 用手把三个小锥齿轮都装好。

③ 使用螺钉旋具在小锥齿轮旁边卡盘体的端面上，装上定位螺钉。

4）装防护盖板

① 用双手端平防护盖板，放入自定心卡盘里。

② 将防护盖板上的孔对准卡盘体上的内螺纹。

③ 使用螺钉旋具，将防护盖板的螺钉全部拧紧。

④ 自定心卡盘主体已经装完。

5）装卡爪

① 将三个卡爪按顺序摆放整齐。
提示：三个卡爪安装时有先、后次序，
不要装错。

② 把自定心卡盘主体翻转过来，在卡盘
上找到卡爪的入口位置。

③ 在自定心卡盘卡爪的入口位置，使
用卡盘扳手装上第一个卡爪，只拧不到
一扣。

④ 按顺时针方向，在自定心卡盘的第
二个位置，使用卡盘扳手，装上第二个
卡爪。

⑤ 在自定心卡盘的最后一个位置，使用
卡盘扳手装上第三个卡爪。

6）组装结束

自定心卡盘组装结束。

○ 2. 单动卡盘

　　单动卡盘在外圆上有四个孔，每一个卡爪里面都单独有一根丝杠，使用卡盘扳手扳动一个丝杠，只能使一个卡爪单独移动，四个爪不能联动，不能自动定心，但单动卡盘夹紧力大，适用于夹持不规则的工件和大型工件。

| 单动卡盘 | 单动卡盘装夹工件 |

单动卡盘装拆的步骤如下：

1）摆正

把单动卡盘放好。

2）拆卡爪

把卡盘扳手插入孔口，反向转动，退出卡爪。

3）移出

移出卡爪，依此类推。

三、跟刀架、中心架、花盘、弯板

○ 1. 跟刀架

　　跟刀架固定在卧式车床的床鞍上，一般有两个支承爪，跟刀架可以安装在卧式车床的床鞍上，跟随车刀移动，抵消径向切削力，增加工件的刚度，减少工件的变形。在车削细长轴时，使用跟刀架能提高细长轴的形状精度，并减小工件表面粗糙度值。

跟刀架

调整跟刀架

⊃ 2. 中心架

车削细长轴时，还可以使用中心架来增加工件的刚性。

中心架

调整中心架、加油润滑

⊃ 3. 花盘

花盘用于畸形、特殊工件的装夹。

花盘

花盘部分附件

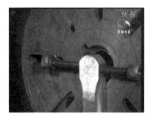

花盘装夹叉形件

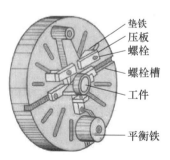

垫铁
压板
螺栓
螺栓槽
工件
平衡铁

花盘装夹畸形件

⊃ 4. 弯板

弯板与花盘配合，用于畸形、直角形工件的装夹。

直角弯板

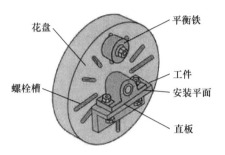

用花盘、弯板装夹轴承座

第三章　车刀及刃磨

车刀是车削加工中应用最广的一种单刃刀具，行话说"三分工艺，七分刀具"，说明了车刀在机械切削加工中的重要性。

一、常用车刀的种类、用途

➲ 1. 常用车刀

车刀分为左偏车刀、右偏车刀，常用的车刀以右偏车刀为主。

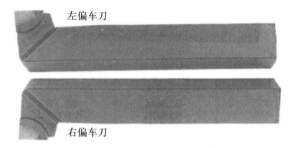

左偏、右偏车刀

➲ 2. 常用车刀（刃具）的种类、用途

⬇ 车工常用焊接车刀

1）45° 外圆车刀

车削外圆、端面，倒 45° 角。

2）75° 外圆车刀

车削外圆。

3）90° 外圆车刀

车削外圆、端面、台阶。

4）普通外螺纹车刀

车削普通外螺纹。

5）切断刀

切槽、切断。

6）45°通孔车刀

车削通孔。

7）90°不通孔车刀

车削不通孔、台阶。

8）内孔切槽车刀

切内沟槽。

9）普通内螺纹车刀

车削普通内螺纹。

⬇ 车工常用可转位机夹车刀

1）90°外圆车刀

车削外圆、端面、台阶。

2）63°外圆车刀

车削外圆、端面。

3）切断刀

切断、切槽。

4）普通（60°）外螺纹车刀

车削普通外螺纹。

5）90°不通孔车刀

车削不通孔、台阶孔。

6）普通（60°）内螺纹车刀

车削普通内螺纹。

▼ 车工常用可转位机夹刀片（部分）

字母符号	图示	刀片形状	刀片形式
H		六边形	等边等角
O		八边形	
P		五边形	
S		四边形	
T		三边形	
D		菱形 35º	等边不等角
		菱形 55º	
		菱形 80º	
W		六边形 80º	
R		圆形	等边等角
L		矩形	不等边但等角

车工常用刃具

1）中心钻

钻削中心孔。

2）直柄麻花钻头

钻削小内孔。

3）锥柄麻花钻头

钻削内孔。

4）机用直铰刀

加工内孔。

5）机用锥铰刀

加工内锥孔。

6）圆板牙

加工外螺纹。

7）手用丝锥

加工内螺纹。

8）机用丝锥

加工内螺纹。

9）锉刀

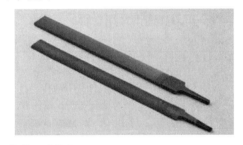

修饰、倒圆。

10）砂布

修饰、抛光。

二、车刀常用材料的种类

车刀常用材料分为高速钢、硬质合金、陶瓷、立方碳化硼四类，其中高速钢、硬质合金两类最为常用。

整体高速钢车刀

高速钢车刀刀头

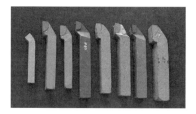

硬质合金焊接车刀

硬质合金机夹车刀

1）车刀高速钢常用材料。

类别		常用牌号	图示	用途
通用高速钢	钨系	W18Cr4V		用于切断刀、螺纹车刀、成形车刀
	钨钼	W6Mo5Cr4V2		用于切断、螺纹、成形车刀
高性能高速钢	高碳	9W18Cr4V（旧牌号）		用于丝锥、铰刀
	高钒	W12Cr4V4Mo（旧牌号）		用于特殊的成形刀具
成形刀具	超硬	W6Mo5Cr4V2Al		用于特殊的深孔钻、铰刀

2）硬质合金车刀常用材料。

①新、旧硬质合金材料牌号对比。

▼ 新、旧硬质合金材料牌号对比

类别	组别		颜色	基本成分	主要用途	使用领域
	分组号	相当于旧牌号				
P（钨钴）	01	YT30	蓝色	以 TiC、WC 为基，以 Co（Ni+Mo、Ni+Co）作粘结剂的合金/涂层合金	切削钢材	切削长材料：钢、铸钢、可锻铸铁
	10	YT15				
	20	YT14				
	30	YT5				
	40					
M（普通硬质合金）	01		黄色	以 WC 为基，以粘结金属钴组成的多相硬质合金	切削特钢	不锈钢、铸钢、锰钢、可锻铸铁、合金钢、合金铸铁
	10	YW1				
	20	YW2				
	30	GE1				
	40	GE3				
K	01	YG3/YG3X	红色	以 WC 为基，以 Co 作粘结剂，或添加少量 TaC、NbC 的合金/涂层合金	切削铸铁	切削短材料：铸铁、冷硬铸铁、可锻铸铁、灰铸铁
	10	YG6				
	20	YG8				
	30	YG8 N				
	40	YG15				
N（聚晶金刚石）PCD	01			以 WC 为基，以 Co 作粘结剂，或添加少量 TaC、NbC 或 CrC 的合金/涂层合金	切削有色金属	有色金属、非金属材料：铝、镁、塑料、木材
	10					
	20					
	30					
S	01			以 WC 为基，以 Co 作粘结剂，或添加少量 TaC、NbC 或 TiC 的合金/涂层合金	切削耐热材料	耐热和优质合金材料：耐热钢，含镍、钴、钛的各类合金材料
	10					
	20					
	30					
H（立方氮化硼）PCBN	01			以 WC 为基，以 Co 作粘结剂，或添加少量 TaC、NbC 或 TiC 的合金/涂层合金	切削高硬材料	硬切削材料：淬硬钢、冷硬铸铁等材料
	10					
	20					
	30					

② 各牌号硬质合金车削条件。

▼ 各牌号硬质合金车削条件

组别	车削条件	
	被切削的材料	适应的加工条件
P01	钢、铸钢	高切削速度、小切削截面，无振动条件下的精车、精镗
P10	钢、铸钢	高切削速度，中、小切削截面条件下的车削、仿形车削、螺纹车削
P20	钢、铸钢，切削长材料的可锻铸铁	中等切削速度、中等切削截面条件下的车削、仿形车削
P30	钢、铸钢，切削长材料的可锻铸铁	中速或较低的切削速度、中等或大切削截面条件下的车削和不利条件下的车削

（续）

组别	车削条件	
	被切削的材料	适应的加工条件
M01	不锈钢、铁素体钢、铸钢	高切削速度、小载荷，无振动条件下，精车、精镗
M10	不锈钢、铸钢、锰钢、合金钢、合金铸铁、可锻铸铁	中速和高切削速度，中、小切削截面条件下，车削
M20	不锈钢、铸钢、锰钢、合金钢、合金铸铁、可锻铸铁	中等切削速度、中等切削截面条件下，车削
M30	不锈钢、铸钢、锰钢、合金钢、合金铸铁、可锻铸铁	中等和高等切削速度、中或大切屑切削截面条件下，车削
M40	不锈钢、铸钢、锰钢、合金钢、合金铸铁、可锻铸铁	车削、切断
K01	铸铁、冷硬铸铁，切削短材料的可锻铸铁	车削、精车
K10	布氏硬度高于220HBW的铸铁、切削短材料的可锻铸铁	车削、镗削
K20	布氏硬度低于220HBW的铸铁、切削短材料的可锻铸铁	用于中等切削速度下，轻载荷粗加工、半精加工的车削、镗削
K30	铸铁、切削短材料的可锻铸铁	用于不利条件下，可采用大切削角的车削、切槽加工，对刀片的韧性有一定的要求
K40	铸铁、切削短材料的可锻铸铁	用于不利条件下，采用较低的切削速度，较大的进给量，粗车
N01	有色金属、塑料、木材、玻璃	高切削速度下，有色金属，以及塑料、木材、玻璃等非金属材料的精加工
N10		较高切削速度下，有色金属，以及塑料、木材、玻璃等非金属材料的精加工或半精加工
N20	有色金属、塑料	中等切削速度下，有色金属、铝、铜、镁，以及塑料等非金属材料的半精加工或粗加工
N30		中等切削速度下，有色金属、铝、铜、镁，以及塑料等非金属材料的粗加工
S01	耐热合金和优质合金：含镍、钴、钛的各类合金材料	中等切削速度下，耐热钢和钛合金的精加工
S10		低切削速度下，耐热钢和钛合金的半精加工或粗加工
S20		较低切削速度下，耐热钢和钛合金的半精加工或粗加工
S30		低切削速度下，耐热钢和钛合金的断续切削，适用于半精加工或粗加工
H01	淬硬钢、冷硬铸铁	低切削速度下，淬硬钢、冷硬铸铁连续轻载精加工
H10		低切削速度下，淬硬钢、冷硬铸铁连续轻载精加工、半精加工
H20		较低切削速度下，淬硬钢、冷硬铸铁连续轻载半精加工、粗加工
H30		较低切削速度下，淬硬钢、冷硬铸铁连续轻载半精加工、粗加工

三、车刀常用角度及选择

➲ 1. 车刀常用角度

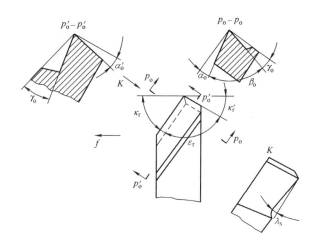

➲ 2. 车刀常用角度的选择

▼ 车刀常用角度的选择

角度名称	角度作用	选择原则
前角 γ_o	（1）加大前角，刀具锐利，可减少切削的变形 （2）加大前角，可减少切屑在前面的摩擦 （3）加大前角，可抑制或清除积屑瘤，降低径向切削分力 （4）减小前角，可增强刀尖强度	（1）加工硬度高、机械强度大及脆性材料时，应取较小的前角 （2）加工硬度低、机械强度小及塑性材料时，应取较大的前角 （3）粗加工时，应选取较小的前角；精加工时，应取较大的前角 （4）刀具材料坚韧性差时，前角应小些，刀具材料坚韧性好时，前角应大些 （5）车床、夹具、工件、刀具系统刚性差，应取较大的前角
主后角 α_o	（1）减少刀具后面与工件切削表面和已加工表面间的摩擦 （2）当前角确定之后，后角越大，刃口越锋利，但相应减小楔角，影响刀具强度和散热面积	（1）粗加工时，应取较小的主后角；精加工时，应取较大主后角 （2）采用负前角车刀时，主后角应取大些 （3）工件和车刀的刚性差时，应取较小的主后角 （4）副后角一般选得与主后角相同，但切断刀例外，α_o 取 $1°\sim1.5°$

（续）

角度名称	角度作用	选择原则
主偏角 κ_r	（1）在相同的进给量 f 和背吃刀量 α_p 的情况下，改变主偏角大小可以改变主切削刃参加切削工作的宽度 α_w 及切削厚度 α_c。 （2）改变主偏角大小，可以改变径向切削分力和轴向切削分力之间的比例，以适应不同车床、工件、夹具的刚性	（1）工件材料硬，应选取较小的主偏角 （2）刚性差的工件（如细长轴），应增大主偏角，以减小径向切削分力 （3）在车床、夹具、工件、刀具系统刚性较好的情况下，主偏角尽可能选得小些 （4）主偏角应根据工件形状选取，台阶 κ_r=90º，中间切入工件 κ_r=60º
副偏角 κ'_r	（1）减少副切削刃与工件已加工表面之间的摩擦 （2）改善工件表面粗糙度和刀具的散热面积，提高刀具寿命	（1）车床夹具、工件、刀具系统刚性好，可选较小的副偏角 （2）精加工刀具应取较小的副偏角 （3）加工中间切入的工件 κ'_r=60º
刃倾角 λ_s	（1）控制切屑流出的方向 （2）增强切削刃的强度，当 λ_s 为负值时，强度好；当 λ_s 为正值时，强度差 （3）使切削刃逐渐切入工件，切削力均匀，切削过程平稳	（1）精加工时，刃倾角应取正值；粗加工时，刃倾角应取负值 （2）断续切削时，刃倾角应取负值 （3）当车床、夹具、工件、刀具刚性较好时，刃倾角取负值；相反，刃倾角取正值
过渡刃 r_ε	提高刀尖的强度和改善散热条件	（1）圆弧过渡刃多用于车刀等单刃刀具上。高速钢车刀圆角半径 r_ε=0.5~5mm，硬质合金车刀圆角半径 r_ε=0.5~2mm （2）直线形过渡刃多用于切削刃形状对称的切断车刀和多刃刀具上，直线形过渡刃长度一般为 0.5~2mm
修光刃	能减少车削后的残留面积，降低工件的表面粗糙度值，修光刃的长度一般为（1.2~1.5）f	在车床、夹具、工件、刀具系统刚性较好的情况下，采用修光刃，才能取得好的效果

⊃ 3. 车刀常用角度选择的参考值

1）车刀主偏角的参考值。

▼ 车刀主偏角的参考值

工作条件	主偏角 κ_r/（°）
在工艺系统刚性特别好的条件下，以小背吃刀量进行精车，加工硬度很高的工件材料	10~30
在工艺系统刚性较好（$l/d < 6$）的条件下，加工盘套类工件	30~45
在工艺系统刚性差（$l/d=6 \sim 12$）的条件下，车削、镗孔	60~75
在毛坯端面上，不留小凹柱的切断	80
在工艺系统刚性差（$l/d > 12$）的条件下，车削台阶轴、细长轴	90~93

2）车刀副偏角的参考值。

▼ 车刀副偏角的参考值

工作条件	副偏角 κ_r'/（°）
用宽刃车刀及具有修光刃的车刀进行加工	0
切槽及切断	1~3
精车	5~10
粗车	10~15
粗镗	15~20
中间切入的车削	30~45

3）车刀前角的参考值。

▼ 车刀前角的参考值

工件材料		前角 γ_o/（°）	
		高速钢刀具	硬质合金刀具
结构钢	$R_m \leqslant 800MPa$	20~25	15~20
	$R_m \leqslant 800 \sim 1000MPa$	15~20	10~15
灰铸铁及可锻铸铁	$\leqslant 220HBW$	20~25	15~20
	$> 220HBW$	10	8
奥氏体不锈钢		—	15~20
淬硬钢（硬度大于40HRC）		—	-5~-10
铸、锻件或断续切削灰铸铁		10~15	5~10
钛合金		10~15	5
铝及铝合金		30~35	30~35
纯铜及铜合金（软）		25~30	25~30
铜合金（脆）	粗加工	10~15	10~15
	精加工	5~10	5~10

4）车刀刃倾角的参考值。

工件材料、工作条件		刃倾角 λ_s /（°）
精车、精镗	钢料	0~5
	铝及铝合金	5~10
	纯铜	5~10
粗车且余量均匀	钢料，灰铸钢	0~-5
	铝及铝合金	5~10
	纯 铜	5~10
车削淬硬钢		-5~-12
断续车削钢料、灰铸钢		-10~-15
断续车削余量不均匀的铸铁、锻件		-10~-45
微量精车、精镗		45~75

5）车刀主后角的参考值。

▼ 车刀主后角的参考值

工作材料	工作条件	主后角 α_o /（°）
低碳钢	粗车	8~10
	精车	10~12
中碳钢、合金结构钢	粗车	5~7
	精车	6~8
不锈钢	粗车	6~8
	精车	8~10
灰铸钢	粗车	4~6
	精车	6~8
淬硬钢	精车和粗车	12~15
铝及铝合金、纯铜	粗车	8~10
	精车	10~12
钛合金		10~15

6）车刀刀尖圆弧半径的参考值。

▼ 车刀刀尖圆弧半径的参考值　　　　　（单位：mm）

背吃刀量（α_p）	刀尖圆弧半径（r）	
	钢、铜	铸铁、非金属
3	0.6	0.8
4~9	0.8	1.6
10~19	1.6	2.4
20~30	2.4	3.2

四、常用车刀的刃磨方式

1. 砂轮机

砂轮机

➲ 2. 车刀刃磨常用的砂轮

1)（绿）碳化硅（GC 砂轮）

刃磨硬质合金。

2）白刚玉

刃磨高速钢、碳钢。

3. 常用车刀的刃磨

⬇ 刃磨 45° 外圆车刀

1）刃磨副偏角

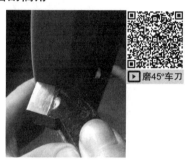

▶ 磨45°车刀

刃磨 45° 外圆车刀的副偏角及副后角。

2）刃磨主偏角

刃磨 45° 外圆车刀的主偏角及主后角。

3）刃磨副偏角

刃磨 45º 外圆车刀的副偏角及副后角。

4）刃磨前角

刃磨 45º 外圆车刀的前角。

↓ 刃磨 90º 外圆车刀

1）磨主后角

刃磨 90º 外圆车刀的主后角。

2）粗磨主偏角

粗磨 90º 外圆车刀的主偏角。

3）磨副后角

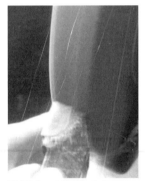

刃磨 90º 外圆车刀的副后角。

4）粗磨副偏角

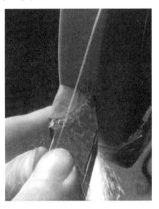

粗磨 90º 外圆车刀的副偏角。

5）粗磨前角

粗磨 90º 外圆车刀的前角。

6）精磨主偏角

精磨 90º 外圆车刀的主偏角。

7）精磨副偏角

精磨 90º 外圆车刀的副偏角。

8）精磨前角

精磨 90º 外圆车刀的前角。

⬇ 刃磨切断刀

1）刃磨主切削刃

刃磨切断刀的主切削刃及主后面。

2）刃磨左侧副切削刃

刃磨切断刀的左侧副切削刃及副后面。

3）刃磨右侧副切削刃

刃磨切断刀的右侧副切削刃及副后面。

4）精磨主切削刃

精磨切断刀的主切削刃。
➲ 4. 常用车刀的研磨

⬇ 研磨 90º 外圆车刀

1）研磨主切削刃

▶ 研磨90º平刀

使用磨石向前推的方式，研磨 90º 外圆车刀的主切削刃。

2）研磨副切削刃

使用磨石向前推的方式，研磨 90º 外圆车刀的副切削刃。

3）研磨主切削刃

使用磨石向上推的方式，研磨 90º 外圆车刀的主切削刃。

4）研磨副切削刃

使用磨石向上推的方式，研磨 90° 外圆车刀的副切削刃。

5）研磨刀尖圆角

使用磨石做圆弧运动，研磨出 90° 外圆车刀的刀尖圆角。

提示：刀尖圆弧能增强刀尖的强度。

6）研主切削刃副刀棱

把磨石摆成 30°，做上、下推、拉的动作，研磨出 90° 外圆车刀主切削刃的副刀棱。

提示：副刀棱能明显地增加主切削刃的耐磨性、耐冲击性。

⬇ 研磨 45° 外圆车刀

1）研磨主切削刃

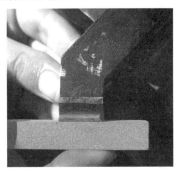

① 使用磨石向前推的方式，研磨 45° 外圆车刀的主切削刃

② 使用磨石向上推的方式，研磨 45° 外圆车刀的主切削刃。

2）研磨副切削刃

① 使用磨石向上推的方式，研磨 45° 外圆车刀的副切削刃。

② 使用磨石向前推的方式，研磨 45º 外圆车刀的副切削刃。

3）研磨副切削刃

使用磨石向上推的方式，研磨 45º 外圆车刀的另一侧副切削刃。

4）研磨刀尖圆角

使用磨石做圆弧运动，研磨出 45º 外圆车刀的刀尖圆角。

5）研主切削刃副刀棱

把磨石摆成 30º，做上、下推、拉的动作，研磨出 45º 外圆车刀主切削刃的副刀棱。

第四章　车工常用量具及使用

一、车工常用量具及用途

1）钢直尺

测量长度。

2）游标卡尺

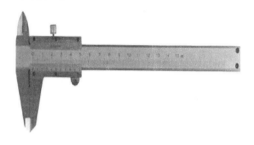

测量外径、内径、长度、深度。

3）带表卡尺

测量外径、内径、长度、深度。

4）数显卡尺

测量外径、内径、长度、深度。

5）游标深度卡尺

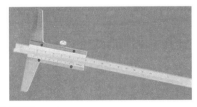

测量深度。

6）数显深度卡尺

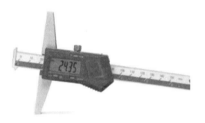

测量深度。

7）外径千分尺

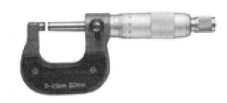

测量外径。

8）数显千分尺

测量外径。

9）内径百分表

测量孔的内径。

10）内径千分尺

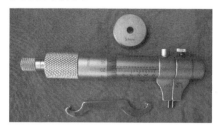

测量孔的内径。

11）数显内径千分尺

测量孔的内径。

12）深度千分尺

测量深度。

13）螺纹千分尺

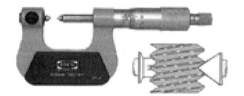

直接测量普通螺纹中径。

14）公法线千分尺

配合量（三）针，测量梯形螺纹、蜗杆等中径。

15）百分表

① 配合表杆精确测量内径。
② 配合磁力表座找正工件。

16）游标万能角度尺

测量角度。

17）塞规

测量内径（专用量规）。

18）卡规

测量外径（专用量规）。

19）锥度塞规

测量内锥（专用量规）。

20）锥度环规

测量外锥（专用量规）。

21）螺纹塞规

测量内螺纹（专用量规）。

22）螺纹环规

测量外螺纹（专用量规）。

23）螺纹样板

分为 55°（英制）、60° 两种，用于检测螺距。

24）半径（R）规

检测内、外圆弧。

25）量（三）针

专门用于测量普通螺纹、梯形螺纹、蜗杆等中径。

26）螺纹样板

用于 30º 梯形螺纹车刀检测、校对。

27）磁力表座

配合百分表头进行检测、校正。

二、常用量具的使用及读数

◯ 1. 游标卡尺

游标卡尺是车工最常用的基本量具，游标卡尺能测量工件的外径、内径、长度、深度等尺寸。

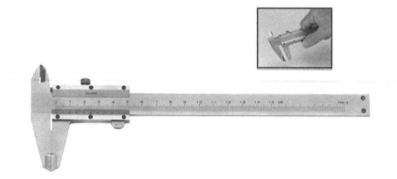

游标卡尺外观图

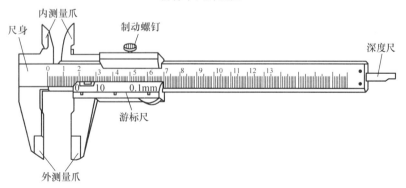

游标卡尺结构图

游标卡尺的读数

步骤	图示	结果
读尺身		14mm
读游标尺		0.52mm
相加		14mm+0.52mm =14.52mm

▼ 游标卡尺在测量中的应用

1）测量外径

在车床上，使用游标卡尺的外测量爪测量工件的外径。

2）测量内孔

在车床上，使用游标卡尺的内测量爪测量工件的内径。

3）测量深度

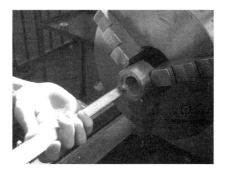

在车床上，使用游标卡尺的深度尺测量工件的深度。

4）测量长度

在车床上，使用游标卡尺外测量爪测量工件的长度。

5）测量宽度

在车床上，使用游标卡尺内测量爪测量
工件的宽度。

⊃ 2. 外径千分尺

外径千分尺是用于测量工件外径尺寸比较精密的量具，外径千分尺常用的规格
有：0~25mm、25~50mm、50~75mm、75~100mm 等。

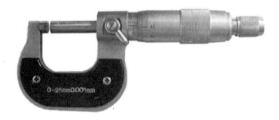

外径千分尺外观图

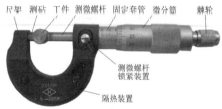

外径千分尺结构图

外径千分尺的读数

步骤	图示	结果
读固定套筒		9mm
读微分筒		0.05mm
相加		9mm+0.05mm=9.05mm

↓ 外径千分尺在测量中的应用

1）转动微分筒

一只手拿着外径千分尺的尺架和工件，另一只手转动外径千分尺的微分筒。

2）转动棘轮

一只手拿着外径千分尺的隔热装置，另一只手转动外径千分尺的棘轮。

3）转动微分筒

一只手拿着工件，另一只手转动外径千分尺的微分筒。

4）转动棘轮

一只手拿着外径千分尺的隔热装置，另一只手转动外径千分尺的棘轮。

➲ 3. 游标万能角度尺

　　游标万能角度尺是车工用于测量工件角度、车刀角度的主要量具，游标万能角度尺的测量范围是 0º~320º，分度值分为 2′ 和 5′ 两种。

游标万能角度尺外观图

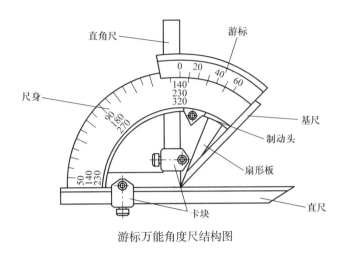

游标万能角度尺结构图

▼ 游标万能角度尺的读数

步骤	图示	结果
读尺身		16°
读游标		40′
相加		16°+40′=16°40′

⬇ 游标万能角度尺在工作中的应用

1）测量半边角

将基尺靠紧麻花钻头的外圆，直尺的刀口靠紧麻花钻头的半边顶角，调整游标万能角度尺的角度后，再读数。

2）测量顶角

将基尺靠紧螺纹车刀一半的顶角，直尺的刀口靠紧螺纹车刀另一半的顶角，调整游标万能角度尺的角度后，再读数。

3）测量锥角

将基尺靠紧工件的端面，直尺的刀口靠紧工件的圆锥表面，调整游标万能角度尺的角度后，再读数。

4）测量背锥角

将基尺靠紧工件的大端面，直角尺和直尺的斜面放在工件的背角上，调整游标万能角度尺的角度后，再读数。

5）测量内锥角

将基尺靠紧工件的大端面，直尺的斜面放在工件内锥角里，调整游标万能角度尺的角度后，再读数。

三、常用量具的正确使用

外径千分尺使用前的校尺

1）擦拭测砧

一只手拿着外径千分尺的尺架，另一只手用干净的布擦拭外径千分尺的测砧。

2）放标准对杆

从外径千分尺的盒子里，拿出标准对杆，放在外径千分尺的测砧与测杆之间。

3）对尺

一手握住标准对杆，一只手拿住外径千分尺的尺架及微分筒。

游标万能角度尺使用前的校尺

1）校对1

游标万能角度尺基尺与直尺校对90°。

2）校对2

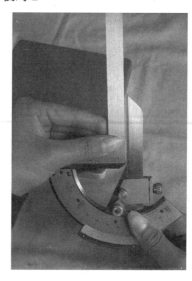

游标万能角度尺基尺、直尺与直角尺校对90°。

↓ 常用量具现场正确摆放、使用

1）量具摆放

量具拿出后，放置在量具的盒盖上，并且摆放整齐。

2）工具摆放

工具要单独摆放。

3）工具、量具分开摆放

① 工具、量具分开摆放。

② 量具与工具分层摆放。

4）轻拿轻放

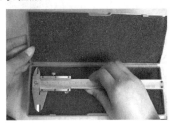

5）均匀用力

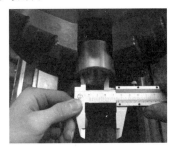

6）拿着隔热装置测量

↓ 常用量具的错误使用

1）摆放不正确

① 游标卡尺摆放在卧式车床的中滑板上，游标卡尺容易摔落、损伤。

② 外径千分尺摆放在卧式车床的小滑板上，外径千分尺容易摔落、损伤。

2）混放

① 若工具与量具混合摆放，量具容易变形或损伤。

② 若刀架扳手、卡盘扳手、加力管与游标卡尺混放，游标卡尺容易发生变形或损伤。

③ 若量具之间混合摆放，外径千分尺的微分筒摆放在游标卡尺上，外径千分尺的微分筒容易变形。

④ 若卡盘扳手压在游标卡尺上，外径千分盒子压在游标卡尺盒子上，游标卡尺容易发生变形或损伤。

⑤ 若刀架扳手压在游标卡尺上，游标卡尺容易发生变形或损伤。

3）旋转时测量

若按车床的卡盘还在转动，就用游标卡尺去测量工件，既容易损伤量具，又容易导致人身事故的发生。

4）拿量具钩切屑

若使用游标卡尺当切屑钩使用，直接去钩切屑，容易损伤游标卡尺的测量面。

5）测量粗糙表面

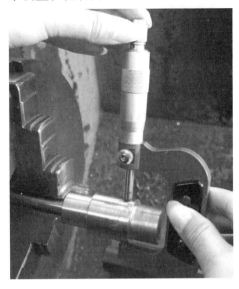

使用外径千分尺测量工件的粗糙表面，容易损伤外径千分尺精密的测量表面。

四、常用量具的维护

↓ 游标卡尺的正确维护

1）擦拭尺身

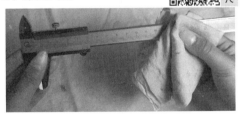

① 一只手拿着游标卡尺，另一只手用干净布擦拭尺身。

② 一只手拿着游标卡尺，另一只手拉开游标，再用干净布擦拭尺身。

2）擦拭深度尺

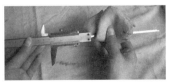

① 一只手拿着游标卡尺，另一只手再使用干净布擦拭深度尺。

② 一只手拿着游标卡尺，另一只手使用干净布擦拭主尺背面深度尺的尺槽。

3）擦拭外测量爪

一只手拿着游标卡尺，另一只手使用干净布擦拭外测量爪。

4）擦拭内测量爪

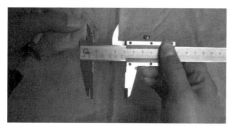

一只手拿着游标卡尺，另一只手使用干净布擦拭内测量爪。

5）主尺刷油

一只手拿着游标卡尺，另一只手使用刷子给尺身表面刷仪表油。

6）外测量爪刷油

一只手拿着游标卡尺，另一只手使用刷子，给外测量爪刷仪表油。

7）内测量爪刷油

一只手拿着游标卡尺，另一只手使用刷子，给内测量爪刷仪表油。

8）收尺

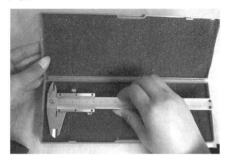

一只手打开盒盖，另一只手把游标卡尺摆进游标卡尺的专用盒里。

9）合盖

双手合上游标卡尺的专用盒盖。

⬇ 外径千分尺的正确维护

擦千分尺

1）擦拭微分筒

一只手拿着外径千分尺的尺架，另一只手使用干净布擦拭微分筒。

2）擦拭尺架

一只手拿着外径千分尺固定套筒，另一

只手使用干净布擦拭尺架。

3）擦拭测量杆

一只手拿着外径千分尺微分筒，另一只手使用干净布擦拭测量杆。

4）擦拭测砧

一只手拿着外径千分尺的尺架，另一只手使用干净布擦拭测砧。

5）擦拭固定套筒

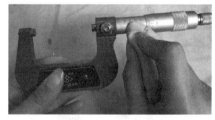

一只手拿着外径千分尺的尺架，另一只手使用干净布擦拭固定套筒。

6）固定套筒刷油

一只手拿着外径千分尺的尺架，另一只

手拿着刷子给固定套筒刷油。

7）测砧刷油

一只手拿着外径千分尺的尺架，另一只手拿着刷子给测砧刷油。

8）测量杆刷油

一只手拿着外径千分尺的尺架，另一只手拿着刷子给测量杆刷油。

9）微分筒刷油

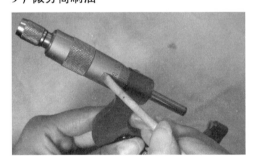

一只手拿着外径千分尺的尺架，另一只

手拿着刷子给微分筒刷油。

10）收尺

① 一只手打开盒盖，另一只手把外径千分尺轻轻地摆进外径千分尺的专用盒里。

② 双手合上外径千分尺的专用盒盖。

⬇ 游标万能角度尺的正确维护

1）分解游标万能角度尺

① 松开直尺上卡块的螺钉。

② 从卡块上取下直尺。

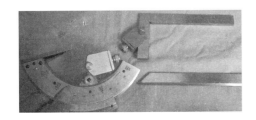

③ 分解后的游标万能角度尺的尺身。

2）擦拭尺身

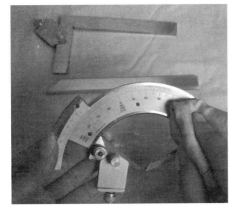

① 使用干净的抹布仔细擦拭游标万能角度尺尺身的正面。

② 使用干净的抹布，仔细擦拭游标万能角度尺尺身的背面及尺槽。

3）擦拭直尺

使用干净的抹布仔细擦拭直尺。

4）擦拭直角尺

使用干净的抹布仔细擦拭直角尺。

5）尺身刷油

① 给游标万能角度尺尺身正面的上部及尺面刷油。

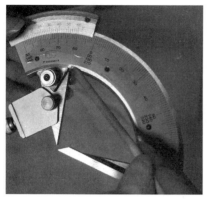

② 给游标万能角度尺尺身正面的下部刷油。

③ 给游标万能角度尺尺身的背面、尺槽刷油。

6）直尺刷油

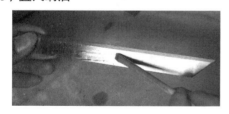

给直尺正面、背面刷油。

7）直角尺刷油

给直角尺正面、背面刷油。

8）装回直尺

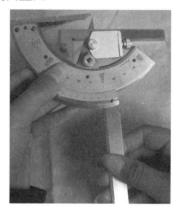

① 把直尺装进游标万能角度尺的卡块里。

② 拧上游标万能角度尺卡块的螺钉，锁紧直尺。

9）收尺

① 把游标万能角度尺的主尺和直尺一起，放入游标万能角度尺的专用盒内。

② 把直角尺按所示位置放入游标万能角度尺的专用盒内。

③ 游标万能角度尺及附件摆放平整后，关上游标万能角度尺专用盒盖。

⬇ 内径百分表的正确维护

1）擦拭尺杆

使用干净的抹布仔细擦拭尺杆。

2）擦拭测量头

使用干净的抹布仔细擦拭测量头。

3）擦拭百分表表面

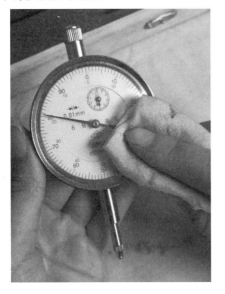

① 使用干净的抹布仔细擦拭百分表的表面。

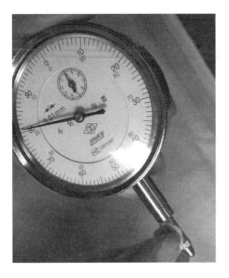

② 使用干净的抹布仔细擦拭百分表的表头。

4）表头刷油

给百分表的表头刷油。

5）弹性定位卡刷油

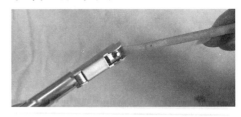

给百分表的弹性定位卡刷油。

6）测量头刷油

给百分表的测量头刷油。

7）收表

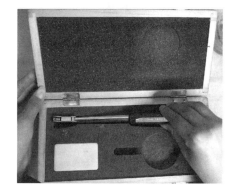

① 把内径百分表的表杆放入内径百分表专用盒里。

② 把内径百分表的表头放入内径百分表专用盒里。

③ 把内径百分表及附件放入内径百分表专用盒里摆放平整后，关上盒盖。

第五章 轴类工件的车削

一、卧式车床基本操作步骤

1) 打开电源

用手搬动卧式车床上的电源开关，接通卧式车床的电源。

2) 起动卧式车床

按下卧式车床床鞍上面的绿色按钮，起动卧式车床。

3) 提操纵杆

左手提起操纵杆，卧式车床主轴正转。

4) 放下操纵杆

放下操纵杆，卧式车床主轴停止转动。

5) 压下操纵杆

压下操纵杆，卧式车床主轴反转。

6) 操纵杆操作

操纵杆的三个位置，分别表示卧式车床主轴正转、停止、反转。

7）变速

挂档，变速。

8）调整进给量

查卧式车床的铭牌，换档，调整进给量。

9）摇大手轮

摇动大手轮，溜板箱作纵向移动。

10）摇中滑板

摇动中滑板手柄，中滑板作横向移动。

11）摇小滑板

摇动小滑板手柄，小滑板作纵向移动。

12）快速手柄

搬动"十字"槽的快速手柄，卧式车床将做纵向、横向机械自动移动。

二、车工常用工具

1）自定心卡盘

用于装夹规则工件。

2）单动卡盘

用于装夹不规则工件。

3）卡盘扳手

用于卡盘夹紧工件。

4）刀架扳手

用于装夹车刀。

5）活动顶尖

用于支承轴类工件。

6）固定顶尖

用于支承轴类工件。

7）钻夹头及钥匙

装夹中心钻、直柄麻花钻。

8）多工位夹头

可以装夹三种以上的刃具或活动顶尖。

9）鸡心卡头

用于支承轴类工件。

10）攻丝器

用于装夹圆板牙、丝攻。

11）圆板牙架

用于装夹圆板牙。

12）丝攻铰手

用于装夹丝锥。

13）莫氏变径套

用于装夹莫氏锥柄麻花钻头。
规格：2#、3#、4#、5#。

14）内六角扳手

用于内六角圆柱头螺钉的拆、装。

15）活动扳手

用于普通螺栓的拆、装。

16）呆扳手

用于固定尺寸外六角螺栓的拆、装。

17）十字槽螺钉旋具

用于旋松、旋紧十字槽螺钉。

18）一字槽螺钉旋具

用于旋松、旋紧一字槽螺钉。

19）敲打工具（一）

橡胶锤，用于敲击、校正不允许损坏的部位。

20）敲打工具（二）

锤子，用于敲击。

21）夹钳工具

用于夹钳。

22）切屑钩

用于清除切屑。

23）样冲

用于划线。

24）划针盘

用于校正、划线。

25）切断刀架

用于装夹切断刀片。

26）压力油枪

用于给车床加注润滑油。

三、卧式车床基本部位的调整

1）溜板箱刻度盘

① 溜板箱上的大手轮。

② 用手搬开溜板箱大手轮刻度盘上的小止动片。

③ 用双手握住溜板箱大手轮的刻度盘。

④ 让大手轮的刻度盘转动,使刻度盘上的"0"点与卧式车床溜板箱上的刻线重合。

2) 中滑板刻度盘

① 用手搬开中滑板手轮刻度盘上的小止动片。

② 一只手握住中滑板摇把,另一只手转动中滑板的刻度盘,使刻度盘上的"0"点与卧式车床中滑板上的刻线重合。

3) 小滑板刻度盘

① 一手握住小摇把,另一只手握小滑板的刻度盘。

② 一手握住小摇把,另一只手转动小滑板的刻度盘,使刻度盘上的"0"点与卧式车床小滑板上的刻线重合。

4）小滑板镶条

使用一字槽螺钉旋具，松开、拧紧小滑板靠近中滑板位置上的螺栓，起到调节小滑板镶条松紧的作用。

5）中滑板镶条

① 使用一字槽螺钉旋具，松开、拧紧中滑板靠近刻度盘位置上的螺栓，起到调节中滑板镶条松紧的作用。

② 使用一字槽螺钉旋具，松开、拧紧中滑板另一端的螺栓，起到调节中滑板镶条松紧的作用。

6）中滑板螺母

使用内六角扳手在中滑板上，通过松开、拧紧螺栓来调节中滑板丝杠与丝母之间的间隙。

7）交换齿轮箱

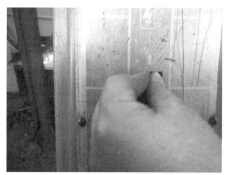

① 必须首先关闭卧式车床的电源开关。

② 用手拧开交换齿轮箱防护门上的锁紧开关。

⑤ 更换齿轮，再使用活扳手，拧紧齿轮端面上的螺母。

③ 拉开交换齿轮箱的防护门。

⑥ 准备关闭交换齿轮箱的防护门。

④ 使用活扳手，松开齿轮端面上的螺母。

⑦ 用手拿着防护门的把手，关闭交换齿轮箱的防护门。

四、轴类工件的安装

1）自定心卡盘

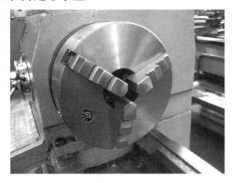

自定心卡盘是车工最常用的装夹工具，能自动夹紧规则的轴类工件。

2）单动卡盘

单动卡盘是车工常用的装夹工具之一，适合装夹不规则、偏心、畸形、精度要求高的轴类工件。

3）前顶尖

直接装夹在自定心卡盘中间，重新车削后，用于两顶尖装夹方式，作为削顶尖使用

4）专用顶尖

直接安装在卧式车床的主轴孔里，在两顶尖装夹方式中，作为前顶尖使用。

5）活动顶尖

活动顶尖是用于一夹一顶装夹方式或者两顶尖装夹方式，作为后顶尖使用，也是最常用的后顶尖。

6）固定顶尖

固定顶尖是用于一夹一顶装夹方式或者两顶尖装夹方式，作为后顶尖使用。

7）梅花顶尖

梅花顶尖是用于一夹一顶装夹方式或者两顶尖装夹方式，作为后顶尖使用。

8）对分夹头（四方夹头）

对分夹头用于两顶尖装夹方式，带动轴类工件转动。对分夹头安装在轴类工件的前部。

9）鸡心卡头

鸡心卡头用于两顶尖装夹方式，带动轴类工件转动，鸡心卡头安装在轴类工件的前部。

10）中心架

中心架用于支承细长轴类工件，安装在卧式车床的导轨上，能有效提高细长轴类工件的刚性。

11）跟刀架

跟刀架用于支承细长轴类工件，安装在卧式车床的床鞍上，能有效提高细长轴类工件的刚性。

12）一夹一顶

自定心卡盘直接夹住细长轴类工件的前端，使用活动顶尖顶住细长轴类工件的后端。

13）两顶尖

① 自定心卡盘夹住前顶尖，在卧式车床上，按 30° 搬动小滑板，把前顶尖重新车削一刀，直到前顶尖车圆为止；车削完毕后，小滑板搬回原来的位置。

② 用对分夹头夹住细长轴类工件的前端，使用活动扳手，均匀锁紧对分夹头上面的两个螺栓。

③ 前顶尖顶住细长轴类工件前端的中心孔，并把对分夹头上伸出的直爪放在自定心卡盘卡爪上，使用活动顶尖，顶住细长轴类工件后端的中心孔。

14）一夹一顶，采用跟刀架

采用一夹一顶方式，且增加了跟刀架，来装夹细长轴类工件。

15）中心架装夹工件

① 把中心架安装在卧式车床的导轨上。

② 细长轴工件的前端被自定心卡盘的卡爪夹住，细长轴工件的中间段放在中心架上。

③ 细长轴工件后端的中心孔顶上活动顶尖，拧紧中心架上的螺栓，使用油枪对中心架的活动爪进行加油。

五、安装车刀的注意事项

刀尖与工件轴线不等高

车刀伸出过长

垫片放置不平整

车刀不正确的安装方式

车刀的刀尖一定要严格对准卧式车床的尾座中心。

刀尖对准顶尖

前面朝上

刀头伸出长度
<2倍刀杆高度

刀杆与工件
轴线垂直

车刀刀尖对准卧式车床尾座中心示意图

车刀刀尖对准卧式车床尾座中心工作图

⬇ 车刀的正确安装方法

1）前顶尖法。

① 高于中心

车刀刀尖高于中心，车刀的前角会变大、后角会变小；车削工件端面时，工件端面会留下凸台，还容易造成车刀主后面受挤压，导致车刀的刀尖脆裂。

② 低于中心

车刀刀尖低于中心，车刀的前角会变小，后角会变大；车削时，容易出现扎刀；车削工件端面时，工件端面会留下凸台。

③ 对准中心

车刀刀尖对准工件的旋转中心，车削过程将会很顺利。

2）后顶尖法。

对准中心

▶ 装90°车刀

车刀刀尖对准卧式车床尾座上安装的活动顶尖，就是车刀对准了工件的旋转中心。

3）钢直尺法。

① 测量

a. 把钢直尺放在卧式车床中滑板的平面上，用钢直尺实际测量安装在卧式车床自定心卡盘上前顶尖的高度尺寸。

b. 在钢直尺上读出前顶尖的实际高度尺寸为 115mm。

② 安装车刀、对准中心

车刀的刀尖安装高度按照钢直尺的高度 115mm 尺寸确定，即车刀的刀尖对准卧式车床工件的旋转中心。

4）刻线对刀法。

① 测量

把钢直尺放在卧式车床中滑板的平面上，用钢直尺实际测量安装在卧式车床自定心卡盘上前顶尖的高度尺寸。

② 安装

安装 90° 外圆车刀时，在 90° 外圆车刀下面垫上一些垫片，调整 90° 外圆车刀的安装高度。

③ 检测

使用钢直尺检测、调整 90° 外圆车刀的安装高度，直到与卧式车床旋转中心高度相符合为止。

④ 着色

用粉笔在中滑板的端面处均匀涂色。

⑤ 刻线

把高度合格的 90° 外圆车刀及垫片一起放在已经着色的中滑板的端面，用高度合格的 90° 外圆车刀及垫片在着色处刻上线，作为以后调整车刀高度的标记。

⑥ 调整车刀高度

将一把 45º 外圆车刀放在已经有标记的位置，可以直接调整 45º 外圆车刀的高度，调整到位后，就可以把 45º 外圆车刀安装到刀架上。

⬇ 车刀伸出的长度一定要合理

1）太短

车刀伸出太短时，不便于观察。

六、钻削中心孔

⬇ 钻削中心孔的步骤

1）安装钻夹头

用手拿着钻夹头的尾柄，对准卧式车床尾座的套筒孔，进行安装。

2）太长

车刀伸出太长，刚性太差，车削时容易引起振动。

3）合适

刀杆伸出的长度约为刀杆厚度的 1~1.5 倍为合适。

2）安装中心钻

① 用手松开钻夹头。

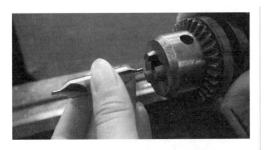

② 用手拿着中心钻，对准钻夹头孔进行安装。

③ 用钻夹头钥匙锁紧中心钻。

3）移动尾座

① 用手拉动卧式车床的尾座，拉到离工件端面较近的位置。

② 用手拿着卧式车床尾座的锁紧手柄，对尾座进行锁紧。

4）钻中心孔

① 用手搬动切削液管嘴对准工件的端面。

② 调整卧式车床的转速到800~1200r/min，根据卧式车床具体情况，可调整到1000r/min。

③ 按下卧式车床绿色的起动按钮。

④ 提起卧式车床的操纵杆，使卧式车床主轴带动自定心卡盘转动。

⑤ 起动卧式车床，双手转动尾座手轮，慢慢地接近工件的端面，钻削中心孔，防止中心钻折断。

⑥ 当中心钻已经钻削进入工件孔内时，钻削速度可以更快些。

⑦ 当中心钻钻削到位时，停止钻削，让中心钻在中心孔里停留片刻。

⑧ 中心钻从工件端面的中心孔中退出。

▼ 钻削中心孔的质量分析

废品	原因	方法
中心钻折断	（1）工件端面留有凸台	（1）车刀对准旋转中心，车掉工件端面的凸台
	（2）工件端面不平整	（2）车刀对准旋转中心，车平工件的端面
	（3）中心钻轴线与工件轴线不一致	（3）找正卧式车床尾座的轴线，与卧式车床主轴同轴
	（4）工件转速太低	（4）提高工件的转速
	（5）进给速度太快	（5）刚钻中心孔时，进给速度要低一点
	（6）没有加注切削液，切屑堵塞	（6）钻削中心孔时，必须加注切削液
	（7）中心钻已经磨损	（7）及时更换中心钻
	（8）用力不均匀	（8）进给时，均匀摇动手轮
	（9）切削用量选择不当	（9）对于直径小的工件，转速应选得较高，一般为 1000 ~ 1400r/min；对于直径大的工件，转速应选择较低，一般为 600 ~ 800r/min
中心孔的表面粗糙度达不到要求	中心孔表面粗糙	中心钻钻到位后，必须要停留一下，使中心孔本身得到修光，然后再退出

七、轴类工件的车削质量分析

▼ 车削轴类工件的质量分析

废品	原因	方法
毛坯表面没全部车出	（1）加工余量不够	（1）车削前，必须检测工件毛坯是否有足够的加工余量
	（2）工件在卡盘上没有校正	（2）工件装在卡盘上必须校正后，再车削外圆、端面
端面凹凸不平	（1）使用车刀从外向工件轴心进给时，床鞍没有固定，车刀扎入工件，端面产生凹面	（1）在车削工件大端面时，必须先把卧式车床床鞍的固定螺钉旋紧后，再进行车削
	（2）车刀不锋利，端面产生凸面	（2）保持车刀的锋利
	（3）小滑板太松，使车刀受力后，产生"让刀"，端面产生凸面	（3）调整小滑板的镶条
	（4）车刀没有压紧，端面产生凸面	（4）车刀必须要压紧
台阶不垂直	（1）车刀装得不正，使车刀的切削刃与工件轴线不垂直	（1）装刀时，必须使车刀的切削刃垂直于工件的轴线；车削台阶时，最后一刀应从工件台阶的端面处由里向外车出
	（2）车刀没有压紧	（2）车刀必须要压紧
	（3）车刀不锋利	（3）保持车刀的锋利
	（4）小滑板的镶条太松	（4）调整小滑板的镶条
尺寸没有达到要求	（1）看错图样或刻度盘使用不当	（1）认真看清图样尺寸要求，正确使用刻度盘，看清刻度值
	（2）没有进行试切削	（2）根据加工余量，必须进行试切割，然后修正吃刀量
	（3）由于切削热的影响，使工件尺寸发生变化，测量不正确	（3）不能在工件温度较高时，进行测量；通过自然冷却或浇注切削液，降低工件温度后，再进行测量
	（4）使用量具不正确或量具有误差	（4）正确使用量具，使用量具前，必须检查和校正量具的零位
	（5）尺寸计算错误	（5）仔细计算尺寸，反复核算

（续）

废品	原因	方法
尺寸没有达到要求	（6）没有及时关闭机动进给，使车刀进给超过了规定的长度尺寸	（6）提前关闭机动进给，用手动进给到长度尺寸
圆度超差	（1）卧式车床主轴间隙太大	（1）车削前，检查主轴间隙，进行适当调整；必要时，更换轴承
圆度超差	（2）毛坯余量不均匀，吃刀量发生变化	（2）分粗、精车
圆度超差	（3）使用两顶尖装夹工件时，中心孔接触不均匀，后顶尖顶得不紧，或者前、后顶尖有径向圆跳动	（3）使用两顶尖装夹工件时，松紧要合适，后顶尖出现径向圆跳动时，必须及时更换
圆柱度超差	（1）使用一夹一顶或两顶尖装夹工件时，后顶尖轴线与主轴轴线不同轴	（1）车削前，必须找正尾座，使尾座与主轴的轴线同轴
圆柱度超差	（2）纵向进给车削时，工件产生锥度，是由于卧式车床床身导轨与主轴轴线不平行	（2）调整卧式车床主轴与床身导轨的平行度
圆柱度超差	（3）使用小滑板车削工件外圆时，圆柱度超差是由于小滑板与主轴轴线不平行	（3）检查小滑板的刻线与中滑板上的"0"线是否对准
圆柱度超差	（4）工件悬伸较长，车削时因变形，造成工件圆柱度超差	（4）尽量减少工件的伸出长度，或另一端用顶尖进行支承，增加装夹刚性
圆柱度超差	（5）车刀中途逐渐磨损	（5）选择合适的刀具材料，或适当降低切削速度
表面粗糙度没有达到要求	（1）卧式车床刚性不足	（1）调整卧式车床各部件的间隙，防止、消除卧式车床刚性不足而引起的振动
表面粗糙度没有达到要求	（2）车刀刚性不足或伸出太长	（2）正确装刀，增加车刀的刚性
表面粗糙度没有达到要求	（3）工件刚性不足，引起振动	（3）增加工件的装夹刚性
表面粗糙度没有达到要求	（4）车刀角度不合理	（4）合理选择车刀的角度
表面粗糙度没有达到要求	（5）切削用量选择不当	（5）进给量要适中，不宜过大

八、轴类工件的车削实例

➲ 1. 短轴销图样

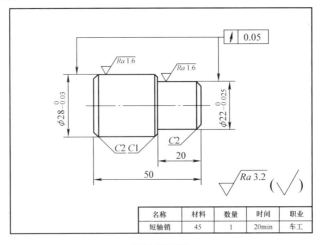

短轴销图样

○ 2. 车削工艺

1）备料。ϕ32mm×90mm，材料为45钢。

2）装夹。使用自定心卡盘，夹住工件的毛坯料头，让工件伸出长度大于60mm。

3）车削外圆台阶。车削短轴销的右端面，先粗、精车短轴销的外圆尺寸ϕ28$_{-0.03}^{0}$mm，再粗、精车短轴销外圆尺寸ϕ22$_{-0.025}^{0}$mm，达到图样要求，保证短轴销的台阶长度尺寸20mm，短轴销的表面粗糙度值Ra1.6μm，短轴销右端倒角$C2$、短轴销台阶处倒角$C1$；再将短轴销图样的长度尺寸50mm，按车削加工尺寸50.5mm进行切断，短轴销长度方向留余量0.5mm，待短轴销调头后，车削合格。

4）调头装夹。车削短轴销的另外一个端面。使用自定心卡盘，夹住短轴销外圆尺寸ϕ28$_{-0.03}^{0}$mm处。

5）车削端面、倒角。车削短轴销的端面，按图样保证短轴销长度尺寸为50mm，倒角$C2$。

6）检验：按图样测量短轴销各部位的尺寸，达到短轴销图样的技术要求。

○ 3. 操作步骤

1）工量刃具

准备工、量、刃具：0～25mm、25～50mm外径千分尺各1件，0～150mm游标卡尺1件，0～200mm游标深度卡尺1件，0～150mm钢直尺1件；45°、90°外圆车刀各1把，切断刀1把；刀架扳手、卡盘扳手各1个。

2）安装车刀

安装车刀，将刃磨好的45°、90°外圆车刀，按照安装车刀的要求，严格让车刀对准回转中心高度安装、压紧。

3）装入工件

安装工件，将ϕ32mm×90mm的工件材料放进自定心卡盘里。

4）调整、装夹工件

装夹工件时，使用钢直尺，让工件材料的伸出长度大于60mm，再夹紧工件，这种装夹方法能保证做到一次性装夹、加工，并且在切断工件时，工件还有足够的余量。

5）调整转速

调整卧式车床的转速到 600 ~ 800r/min，根据卧式车床具体情况，调整到 630r/min。

6）调整进给量

调整车削的进给量：粗车时，调整到 0.15 ~ 0.25mm/r；精车时，调整到 0.05 ~ 0.08mm/r。

7）起动卧式车床

按下卧式车床绿色的起动按钮。

8）提起操纵杆

提起卧式车床的操纵杆，使卧式车床主轴带动自定心卡盘转动。

9）端面对刀

使 45° 外圆车刀移动到工件的端面进行对刀，将 45° 外圆车刀的刀尖轻轻靠近旋转中的工件端面，目测刀尖接触到工件，就完成了对刀工作，用中滑板横向退刀。注意：此时的工件必须处在旋转状态，不能停机。

10）小滑板进刀

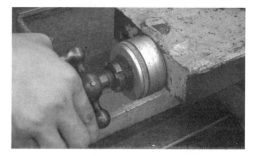

使用小滑板进刀。

11）自动进给

使用中滑板横向自动进给，车削工件的端面。

12）车削端面

当车刀的刀尖快到工件中心部位时，要提前停止横向自动进给，用手动操作来减少进给量，直到将工件中心部位的凸台车削平整为止（这样就能保证车刀刀尖完好，而不会因为车削到工件中心时线速度的变化而打刀）。

13）对刀

① 车削外圆时，使用45º外圆车刀进行对刀，用中滑板进刀，使45º外圆车刀刀尖慢慢地接近旋转中的工件外圆表面。

② 当目测45º外圆车刀刀尖接触到工件外圆表面出现微量切屑时，即可将溜板箱纵向移出（注意：这时工件必须还在旋转，不能停下）。

14）进刀

中滑板开始进刀。

15）自动走刀

使用自动进给手柄，使溜板箱作纵向自动进给。

16）车削外径

使用45°外圆车刀粗车工件的外圆，将 ϕ32mm 工件毛坯车出直径为 ϕ29mm、长度为5mm左、右的小台阶，然后停机，不退刀，移动溜板箱，其目的是防止进错刀，把工件外圆尺寸车小。

17）用游标卡尺测量外径尺寸

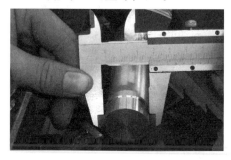

使用游标卡尺测量工件外圆尺寸，测量后，如果尺寸正确，继续进行车削，粗车结束后进行精车。

18）用外径千分尺测量外径尺寸

精车工件外圆尺寸到 ϕ28$_{-0.03}^{0}$mm，再使用外径千分尺测量该尺寸，注意要使工件外圆尺寸 ϕ28mm 的长度尺寸大于50mm。

19）定长

使用钢直尺把工件的长度尺寸20mm初步定为19.5mm。

20）做标记

起动卧式车床，用90°外圆车刀在工件外圆表面刻上标记。

21）退刀

用90°外圆车刀在工件外圆表面刻完标记后，纵向退出车刀，再把90°外圆车刀摇到图示位置。

22）粗车外圆

使用中滑板进刀，先把工件外圆尺寸 $\phi 22_{-0.025}^{0}$ mm 车削到 $\phi 22.5$mm，注意控制工件的长度尺寸 19.5mm。

23）用游标深度卡尺测量长度尺寸

精车工件外圆的台阶长度尺寸 20mm，再使用游标深度卡尺，测量该长度尺寸。

24）用游标卡尺测量外径尺寸

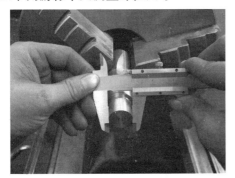

使用游标卡尺，测量粗车工件外径尺寸 $\phi 22.5$mm。

25）用外径千分尺测量外径尺寸

使用外径千分尺，测量精车后的工件外径尺寸 $\phi 22_{-0.025}^{0}$ mm，直到加工合格为止。

26）倒角

使用 45° 外圆车刀，在工件外圆 $\phi 22$mm 处倒角 $C2$。

27）倒角

使用 45° 外圆车刀，在工件外圆 $\phi 28$mm 处倒角 $C1$。

28）定长

使用游标深度卡尺，在工件上定长50.5mm。

29）切断

切断

使用切断刀，将工件切断，注意在工件总长的基础上多留出0.5mm余量，以便后面再加工。

掉头安装

30）安装

工件调头安装。

31）装夹

使用自定心卡盘夹住工件外圆φ28mm处，装夹时要注意让工件适当地转动，边转边夹，确保工件装夹平直，工件外圆跳动小于0.03mm。

车平端面

32）车端面

使用45°外圆车刀，车削工件外圆的端面φ28mm。

33）测量

使用游标卡尺，测量工件外圆φ28mm的长度尺寸合格，也就保证了工件总的长度尺寸合格。

34）倒角

使用45º外圆车刀在工件 ϕ 28mm 端面进行倒角 C2。

35）测量总长

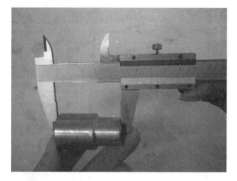

使用游标卡尺测量工件总的长度尺寸 50mm。

36）测量长度

使用游标深度卡尺测量工件台阶长度尺寸 20mm。

37）测量大外圆

使用外径千分尺测量工件的大外圆尺寸 $\phi 28^{\ 0}_{-0.03}$ mm。

38）测量小外圆

使用外径千分尺测量工件的小外圆尺寸 $\phi 22^{\ 0}_{-0.025}$ mm。

第六章　套类工件的车削

一、刃磨内孔车刀、麻花钻头

➲ 1. 刃磨内孔车刀

⬇ 刃磨 90° 内（不通）孔车刀的步骤

1）主偏角

刃磨 90° 内（不通）孔车刀主偏角。

2）副偏角

刃磨 90° 内（不通）孔车刀副偏角。

3）前角

刃磨 90° 内（不通）孔车刀前角。

⬇ 刃磨 45° 内（通）孔车刀的步骤

1）主偏角

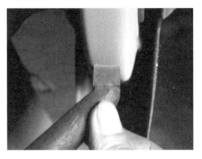

刃磨 45° 内（不通）孔车刀主偏角。

2）副偏角

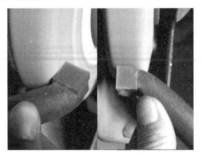

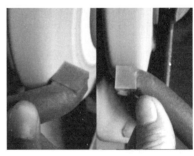

刃磨 45° 内（通）孔车刀两处副偏角。

3）前角

刃磨45°内（通）孔车刀前角。

2. 刃磨麻花钻头

刃磨麻花钻头的步骤

1）刃磨主切削刃

右手握住麻花钻头的前端作为支点，左手握住麻花钻头的尾部，略带旋转或作上、下摆动。

提示：

① 麻花钻头主切削刃必须放置在砂轮的中心水平面上或略高一点。

② 麻花钻头中心线应与砂轮外圆柱面素线在水平面内的夹角等于标准麻花钻头顶角（118°）的1/2（59°），钻尾向下倾斜1°～2°。

③ 刃磨完左边麻花钻头的主切削刃后，把麻花钻头转过180°，刃磨右边麻花钻头的主切削刃；操作者站立位置和手的摆放姿势保持原来的位置和姿势。

2）磨完主切削刃

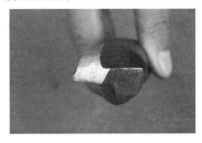

已经刃磨完的麻花钻头左、右主切削刃。

3）刃磨横刃

① 刃磨麻花钻头的左边横刃。

提示：要利用砂轮的边角，刃磨麻花钻头的横刃。

② 转过180°，刃磨麻花钻的右边横刃。

提示：刃磨后的横刃，一定要左、右对称；否则钻孔时会产生振动，导致内孔偏大或者变成椭圆孔。

4）刃磨完

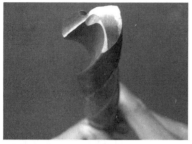

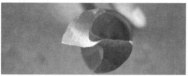

刃磨完的麻花钻头。

5）目测

刃磨麻花钻头结束后，一定先要目测麻花钻头两条主切削刃是否对称。

6）样板检查

使用麻花钻头角度样板，观察麻花钻头主切削刃是否与麻花钻头角度样板的边重合，缝隙是否均匀。

7）使用游标万能角度尺检查

使用游标万能角度尺，测量麻花钻头顶角的角度 118º±2º，再将麻花钻头转过 180º，检查麻花钻头顶角的角度是否对称。

▼ 麻花钻钻孔的质量分析

废品	原因	措施
孔径超差	（1）麻花钻头尺寸选择错误	（1）看清工件图样的尺寸，仔细检查麻花钻头的直径
	（2）麻花钻头主切削刃不对称	（2）正确刃磨麻花钻头，使两条主切削刃对称
	（3）麻花钻头与车床主轴轴线不同轴	（3）校正车床尾座轴线，使其与车床主轴轴线同轴
内孔不正	（1）工件端面不平整	（1）钻孔前，必须把工件的端面车平
	（2）工件端面中心留有凸台	（2）车平工件端面时，不允许留有凸台
	（3）麻花钻头刚性差	（3）选用较短的麻花钻头
	（4）麻花钻头顶角不对称	（4）正确刃磨麻花钻头
切削刃易磨损	（1）麻花钻头的角度选择不对	（1）根据工件的材料，合理选择麻花钻头的角度
	（2）钻削速度过高	（2）适当降低钻孔速度，经常退出麻花钻头，清除切屑
	（3）切削液供给不足	（3）增加切削液的供给量，经常退出麻花钻头
	（4）进给量过大	（4）调整进给速度
钻头易断	（1）麻花钻头用钝后，继续使用	（1）及时刃磨麻花钻头
	（2）钻孔时，没有及时排除切屑	（2）钻孔时，经常退出麻花钻头，及时清除切屑
	（3）进给量太大	（3）调整进给速度

二、套、盘类工件常用装夹方式

1）用自定心卡盘装夹

自定心卡盘是车工最常用的装夹工具，能自动夹紧规则的套类工件。

2）用单动卡盘装夹

单动卡盘是车工常用的装夹工具之一，适合装夹不规则、偏心、畸形、精度要求高的套类、轴类工件。

3）用花盘装夹

花盘适合装夹薄壁、板形、畸形工件。

4）用角铁（直角弯板）装夹

角铁与花盘配合，适合装夹垂直形畸形工件。

5）用花盘装夹工件

花盘上装夹了板型工件车（镗）内孔。

6）用心轴类夹具装夹

装夹套类工件。

7）用专用夹具装夹

装夹套、盘类工件。

三、安装内孔车刀的注意事项

➲ 1. 内孔车刀的刀尖必须对准工件的旋转中心

⬇ 45° 内孔车刀的刀尖对准工件的旋转中心

1）前顶尖

45° 内孔车刀的刀尖与前顶尖的高度一样高。

2）后顶尖

45° 内孔车刀的刀尖与后顶尖的高度一样高。

3）钢直尺

45° 内孔车刀的刀尖与钢直尺 115mm 的高度一样。

↓ 90º 内孔车刀的刀尖对准工件的旋转中心

1）前顶尖

90º 内孔车刀的刀尖与前顶尖的高度一样高。

2）后顶尖

90º 内孔车刀的刀尖与后顶尖的高度一样高。

3）钢直尺

90º 内孔车刀的刀尖与钢直尺 115mm 的高度一样。

⊃ 2. 刀杆必须与工件的轴线平行

　　内孔车刀的刀杆必须与工件的轴线平行，否则内孔车刀车削到内孔的一定深度后，内孔车刀的刀杆可能会与内孔的孔壁相碰；为了确保车削安全，通常在车削内孔前，先将内孔车刀在工件的内孔内试走一遍，确保车削内孔时，能

顺利进行。

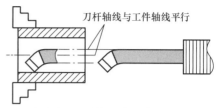

刀杆轴线与工件轴线平行

内孔车刀必须与工件的轴线平行

3. 内孔车刀伸出的长度应尽可能短

　　为了增加内孔车刀的刚性，防止在车削过程中产生振动，内孔车刀的刀杆伸出长度应尽可能短，一般内孔车刀的刀杆伸出长度比被加工工件的内孔长 5～10mm 为宜。

　　控制 45º 内孔车刀刀杆伸出长度的方法如下：

1）刻线

用钢直尺确定内孔车刀刀杆伸出长度，然后在内孔车刀刀杆上刻线，作为车（镗）孔深度的标记。

2）压垫片

用钢直尺确定内孔车刀刀杆伸出长度，然后在内孔车刀刀杆上压上垫片，作为车（镗）孔深度的标记。

四、套类工件的车削质量分析

▼ 套类工件的质量分析

废品	原因	方法
内孔尺寸不正确	（1）测量有误差	（1）要认真测量，使用游标卡尺测量时，要注意掌握游标卡尺的正确测量方法；使用内径百分表测量内孔时，要注意正确读数
	（2）内孔车刀安装不正确，刀杆与内孔相碰	（2）正确安装内孔车刀，车（镗）孔前，空刀在工件的内孔中试走一遍，检查有无相碰情况
	（3）热胀冷缩	（3）加注切削液；粗、精车分开，待工件内孔基本冷却后，再进行精车
内孔有锥度	（1）刀具磨损 （2）刀杆刚性差，产生"让刀"现象 （3）刀杆与孔壁相碰 （4）主轴轴线倾斜 （5）床身不水平 （6）床身导轨磨损过大	（1）采用耐磨的硬质合金刀具 （2）尽可能采用大尺寸的刀杆，减小切削用量 （3）刀杆必须安装正确 （4）找正主轴轴线，使其导轨平行 （5）找正车床水平 （6）大修车床，使车床导轨表面在同一水平面内
内孔不圆	（1）内孔的孔壁薄，装夹时容易变形 （2）车床主轴轴承间隙过大，主轴轴颈不圆；产生误差复映 （3）工件加工余量大且不均匀，材料组织不均匀	（1）选择正确的装夹方法 （2）大修车床 （3）工件应分粗车、半精车、精车，对工件毛坯进行热处理
表面粗糙度达不到要求	（1）内孔车刀磨损	（1）及时刃磨内孔车刀
	（2）切削用量选择不当	（2）选择合理的进给量和切削速度
	（3）内孔车刀的刀杆过细，刚性不够	（3）尽量加大内孔车刀刀杆的直径，适当降低切削速度

五、套类工件的车削实例

➲ 1. 轴套工件图样分析

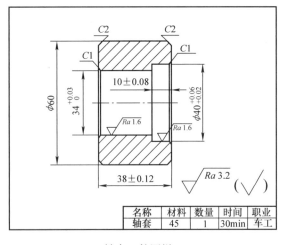

轴套工件图样

（1）轴套工件图样（见上图）

（2）车削工艺

1）备料：45钢圆棒料，$\phi 60mm \times 42mm$。

2）装夹：使用自定心卡盘，夹住工件的左端外圆$\phi 60mm$。

3）车削端面、内孔。

① 车平工件的端面。

② 钻削内孔$\phi 32mm$。

③ 将通孔$\phi 34^{+0.03}_{0}mm$粗车至$\phi 33.5mm$，再精车至合格；粗车台阶孔$\phi 40^{+0.06}_{+0.02}mm$至$\phi 39.5mm$，长度$10mm \pm 0.08mm$，粗车至$9.5mm$；精车台阶孔$\phi 40^{+0.06}_{+0.02}mm$至合格，精车长度$10mm \pm 0.08mm$至合格。

④ 倒角$C1$，倒角$C2$。

4）调头、装夹工件外圆$\phi 60mm$，长度$30mm$，车平工件的端面。

5）定长：将长度$38mm \pm 0.12mm$车至合格。

➲ 2. 轴套工件车削实例

1）准备

准备工、量、刃具。

2）安装、调整内径百分表

① 准备内径百分表。

② 拿出内径百分表可换测量头盒，按工件测量尺寸的规格选取可换测量头。

③ 根据工件内孔的尺寸$\phi 34^{+0.03}_{0}mm$，选择$34mm$规格的可换测量头。

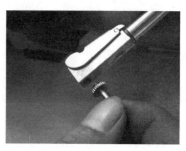

④ 把安装好的可换测量头安装到内径百分表的表架头部。

⑤ 将百分表的表头装在内径百分表的表杆里，让百分表的表头压在量表上0.5mm左右，再用表杆旁边的黑色螺栓锁紧百分表头。

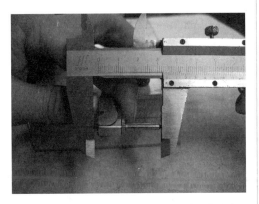

⑥ 使用游标卡尺初步校检可换测量头，测量工件内孔尺寸34mm是否正确。

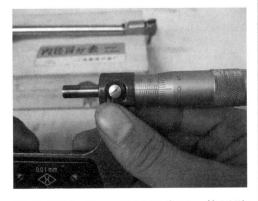

⑦ 选择25~50mm外径千分尺，使用游标卡尺校对外径千分尺的尺寸34mm无误后，再使用螺栓锁定外径千分尺的测量杆。

⑧ 外径千分尺与内径百分表进行对表，对表时，表杆测量头要在外径千分尺的测量杆里朝上摆动。

⑨ 表杆测量头在外径千分尺的测量杆里朝下摆动。

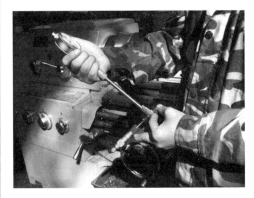

⑩ 观察、调整内径百分表的表头，找到百分表头上显示的最小尺寸，即标准尺寸，再对百分表头进行固定。

⑪ 使用右手来调整百分表的表头，使百分表头的指针对准百分表表盘上的"0"线，内径百分表调整结束。

3）安装内孔车刀

① 使用刀架扳手，在刀架上安装内孔车刀。

② 借助安装在车床尾座上的活动顶尖，调整好内孔车刀的高度。

③ 根据图样要求，使用钢直尺，从车刀的刀尖到刀杆上，量出大于42mm的尺寸，做出车孔深度的标记。

提示：在车刀刀头的伸出部分，做出合理的长度标记，其目的是：便于控制车削孔的深度，及时退刀；对于车削不通孔尤其重要，这样可以有效地避免撞刀事故的发生。

4）安装工件

使用自定心卡盘的卡爪装夹工件，夹持工件的长度应不小于25mm，装夹时，一定要注意夹正、夹紧。

5）车削端面

① 使用45°外圆车刀，车削工件的端面，车削后的工件端面的中心部位，不允许有凸台。
② 为了避免工件端面有凸台，车削前车刀的安装高度一定要与车床主轴的中心高度一致。

6）安装麻花钻头

① 将 φ32mm 麻花钻头插入莫氏 4#、5# 变径套里。

② 遇到麻花钻头尾柄与车床尾座安装内孔不配套时，就需要加装莫氏 4#、5# 变径套。

③ 将组合后的麻花钻头直接安装在车床尾座的锥孔内。

7）钻孔

① 将车床的尾座向前推进。

② 锁紧车床的尾座。

③ 变换车床的主轴转速，选择车床的主轴转速为 210r/min。

提示：车床的主轴转速，是根据钻削工件直径大小来选择，工件的直径越大，车床的主轴转速越低，反之越高。

④ 起动机床主轴，开始钻削内孔。

提示：起钻时，麻花钻头进给速度要慢点，防止麻花钻头定位不好而把内孔钻偏。

8）钻孔

麻花钻头已经钻进工件的内孔；钻削内孔结束后，退出麻花钻头，停止车床主轴运转，退出车床尾座，取出麻花钻头。

提示：

① 麻花钻头钻到孔中间时，钻削的进给量可大些；前面钻削出来的内孔对麻花钻头起到了引导作用，麻花钻头不会将孔钻偏。

② 快钻通孔时，钻削的进给量要小点，以防止切削阻力突然减小，麻花钻头进给太快，而卡住麻花钻头。

9）车（镗）孔

① 重新调整车床主轴的转速，选择车床的主轴转速为 600r/min。

② 起动车床主轴，再提起离合器控制杆。

③ 使用 45º 内孔车刀在工件内孔的孔口处进行对刀。

④ 用中滑板手柄逆时针方向进刀。

⑤ 纵向自动进给开始车（镗）削工件的内孔。

⑥ 先粗车工件通孔 ϕ 34mm 尺寸至 ϕ 33.5mm。

⑦ 粗车工件内孔结束时，使用游标卡尺检查、测量工件内孔 ϕ 33.5mm 尺寸。

⑧ 把内径百分表的可换测量头和弹性定位卡放在工件内孔的孔口处。

提示：精车工件内孔时，必须使用内径百分表进行检查、测量。

⑨ 用左手轻轻地托压弹性定位卡，顺势将固定量头放入孔内。

⑩ 检查、测量工件内孔尺寸 $\phi 34 {}^{+0.03}_{0}$ mm 是否合格。

提示：左手托住内径百分表架隔热套杆，右手托住百分表头，上、下轻轻摆动，找到百分表上的最小读数，即是工件被测到的实际尺寸。

⑪ 使用 90º 内孔车（镗）刀车削工件的台阶孔，将工件内孔车削到 $\phi 39.5$mm，工件内台阶孔的长度车削到 9.5mm。

⑫ 使用游标卡尺检查、测量工件内孔尺寸 $\phi 39.5$mm 是否合格。

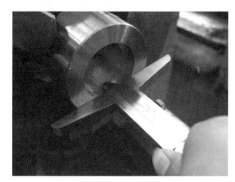

⑬ 使用游标深度尺检查、测量工件内台阶孔的长度尺寸 10mm ± 0.08mm 是否合格。

▶ 内径表测量

⑭ 精车工件内台阶孔 $\phi 40 ^{+0.06}_{+0.02}$ mm 尺寸合格。

10）倒角

① 使用 45° 内孔车刀，在工件内孔的孔口处倒角 C1。

② 使用 45° 外圆车刀，在工件外圆的端面处倒角 C2。

11）安装工件

工件调头，使用自定心卡盘，装夹工件外圆 $\phi 60$mm，夹持工件的长度尺寸要大于 30mm。

12）定总长

① 使用 45° 外圆车刀，车平工件的端面，将工件长度尺寸 38mm ± 0.12mm 车削到合格。

② 使用游标卡尺，对工件总的长度尺寸 38mm ± 0.12mm 进行检查。

13）倒角

① 使用 45° 内孔车刀，在工件的孔口处倒角 C1。

② 使用 45° 外圆车刀，在工件的外圆端面处倒角 C2。

14）加工结束

成品。

第七章　圆锥类工件的加工

一、圆锥的基本参数及计算

⏺ 1. 外圆锥相关知识及计算

1）圆锥的基本参数。

▼ 圆锥的基本参数

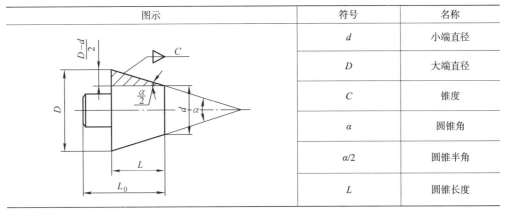

图示	符号	名称
	d	小端直径
	D	大端直径
	C	锥度
	α	圆锥角
	$\alpha/2$	圆锥半角
	L	圆锥长度

2）圆锥基本参数的计算。

▼ 圆锥基本参数的计算

基本参数	计算公式	条件
圆锥半角	$\tan \dfrac{\alpha}{2} = \dfrac{D-d}{2L} = \dfrac{C}{2}$	
圆锥半角（近似公式）	$\dfrac{\alpha}{2} \approx 28.7° \times \dfrac{D-d}{L} = 28.7° \times C$	圆锥半角 $\alpha/2 < 6°$
锥度	$C = \dfrac{D-d}{L}$	
斜度	$S = \dfrac{D-d}{2L} = \dfrac{C}{2} = \tan \dfrac{\alpha}{2}$	

⏺ 2. 常用圆锥的锥角及锥度公差

▼ 莫氏工具圆锥及锥度公差

莫氏圆锥号		0	1	2	3	4	5	6
公称圆锥角		2°58′54″	2°51′26″	2°51′41″	2°52′32″	2°58′31″	3°00′53″	2°59′12″
公称锥度 C		1：19.212 =0.05205	1：21.047 =0.04988	1：20.020 =0.04995	1：19.922 =0.05020	1：19.254 =0.05194	1：19.002 =0.05263	1：19.18 =0.05214
锥度公差	外圆锥	+0.0005	+0.0004	+0.0004	+0.0003	+0.0003	+0.0002	+0.0002
	内圆锥	−0.0005	−0.0004	−0.0004	−0.0003	−0.0003	−0.0002	−0.0002

注：由锥度公差换算成斜角公差或圆锥角公差时，锥度偏差 0.00001mm 相当于斜角偏差 1″ 或圆锥角偏差 2″。

▼ 一般用途圆锥的锥度与锥角

基本值		推算值		备 注
系列 1	系列 2	圆锥角 α	锥度 C	
120º	—	—	1:0.288675	螺纹孔内倒角，填料盒内填料的锥度
90º	—	—	1:0.500000	沉头螺钉头，螺纹倒角，轴的倒角
	75º	—	—	1:0.651613	沉头带榫螺栓的螺栓头
60º	—	—	1:0.866025	车床顶尖，中心孔
45º	—	—	1:1.207107	用于轻型螺旋管接口的锥形密合
30º	—	—	1:1.866025	摩擦离合器
1:3		18º55′28.7″	18.924644º	—	具有极限扭矩的摩擦圆锥离合器
	1:4	1º15′0.1″	14.250033º		
1:5		11º25′16.3″	11.421186º	—	易拆零件的锥形连接，锥形摩擦离合器
	1:6	9º31′38.2″	9.527283º	—	
	1:7	8º10′16.4″	8.171234º	—	重型机床顶尖，旋塞
	1:8	7º9′9.6″	7.152669º	—	联轴器和轴的圆锥面连接
1:10		5º43′29.3″	5.724810º	—	受进给力及横向力的锥形零件的接合面，电动机及其他机械的锥形轴端
	1:12	4º46′18.8″	4.771888º	—	固定球及滚子轴承的衬套
	1:15	3º49′5.9″	3.818305º	—	受进给力的锥形零件的接合面，活塞与其杆的连接
1:20		2º51′51.1″	2.864192º	—	机床主轴的锥度，刀具尾柄，公制锥度铰刀，圆锥螺栓
1:30		1º54′28.9″	1.909682º	—	装柄的铰刀及扩孔钻
	1:40	1º25′56.8″	1.432222º	—	
1:50		1º8′45.2″	1.145877º	—	圆锥销，定位销，圆锥销孔的铰刀
1:100		0º34′22.6″	0.572953º	—	承受陡振及静、变载荷的不需拆开的连接零件，楔键
1:200		0º17′11.3″	0.286478º	—	承受陡振及冲击变载荷的需拆开的连接零件，圆锥螺栓
1:500		0º6′52.5″	0.114591º	—	

注：优先选用第一系列，当不能满足需要时选用第二系列。

二、圆锥工件的车削方法

⬇ 用成形刀车削圆锥工件

1）装刀、车削

安装成形刀，使用成形刀直接车削工件的锥度。

2）退刀

车削完工件的锥度后，退出成形车刀。

⬇ 调整尾座车削细长工件的圆锥

1）安装

① 用两顶尖或一夹一顶方式装好细长工件，并在活动顶尖处装上百分表，通过百分表的读数，来调整、控制细长工件的锥度。

② 使用六角扳手调整尾座旁边的螺钉，使尾座产生偏移。

2）调整尾座

尾座后面的刻线已经出现偏移，通过偏移尾座，车削细长工件的锥度。

↓ 转动小滑板车削圆锥工件

1）松开螺母

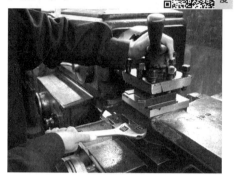

使用活动扳手，松开小滑板上的紧固螺母。

2）转动小滑板

① 看转盘上的刻线，用手转动小滑板。

② 看转盘上的刻线，用手轻推小滑板，进行微量调整。

3）拧紧螺母

使用活动扳手，拧紧紧固螺母。

4）调整小刻度盘

用手调整小滑板的刻度盘，使其调整到"0"线。

5）车削锥度

车削工件的外锥度。

▼ 用百分表调整小滑板车削圆锥工件

1）松开螺母

使用活动扳手，松开小滑板上的紧固螺母。

2）转动小滑板

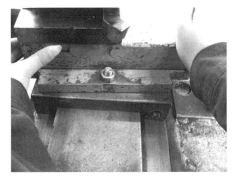

看转盘上的刻线，用手转动小滑板。

3）拧紧螺母

使用活扳手拧紧紧固螺母。

4）安装百分表

在刀架上安装磁力表座及百分表。

5）调整百分表

① 调整百分表的表头。

② 让百分表的表头对准工件的轴心。

6）移动中滑板

摇动中滑板手柄，让百分表的表头从工件的端面移出。

7）刻度盘对零

用手转动小刻度盘，使其调整为"0"。

8）百分表对零

移动小滑板，让百分表的表头与工件轻轻接触，调整百分表，使其为"0"。

9）移动小滑板

移动小滑板。

10）移动百分表

a. 百分表从起点出发。

b. 百分表移动到规定距离。

11）读数

看百分表上的读数是否达到锥度规定的要求，达到了就可以开始车削；如果没有达到，则重复前面的调整程序。

⬇ 同一角度车削内、外圆锥套件

1）转动小滑板

转动小滑板，圆锥半角已经确定。

2）车削内圆锥孔

使用内孔车刀车削内圆锥孔。

3）车削外圆锥

使用内孔车刀车削工件的外圆锥。

提示：由于车削工件内、外圆锥的角度没有变化，所以内、外圆锥套件的角度高度一致。

三、圆锥工件的检测方法及车削质量分析

⮺ 1. 圆锥工件的检测

<table>
<tr><td>▼用游标万能角度尺检测圆锥工件</td><td>▼量规着色检测圆锥工件</td></tr>
</table>

1）测量锥角

测量工件外圆锥的角度。

2）测量背锥角

测量工件外圆锥背锥的角度。

3）测量内锥角

测量工件内圆锥的角度。

1）擦工件外锥面

用干净抹布擦工件的锥面。

2）擦套件内锥面

用干净抹布擦套件内锥面。

3）沾印油

用手在印油盒里沾上印油。

4）涂印油

用沾上的印油，涂在工件外锥表面上。
提示：涂在工件外锥表面上的印油必须是一条线，而且要涂均匀。

5）对研

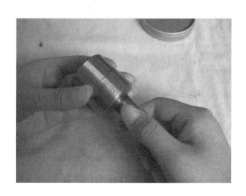

把圆锥套与涂了印油的外圆锥工件放在一起，进行对研。

6）看着色率

通过对研后，查看外圆锥工件上着色率的多少，来判断加工是否合格。

⬇ 用正弦规检测圆锥工件

1）准备

① 准备正弦规。

② 准备测量平板。

③ 准备百分表、移动表架。

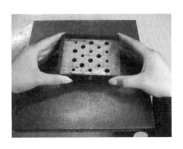

④ 用双手把正弦规轻轻地放在测量平板上。

⑤ 准备一盒量块。

⑥ 用手取出选定的量块。

提示：量块的计算按公式 $h=L\sin\alpha$

h—量块尺寸；

α—圆锥角；

L—正弦规两圆柱中心距。

2）垫量块

① 一只手轻轻地拿起正弦规，另一只手放入量块。

② 垫好。

3）移动百分表

① 把安装在移动表架上百分表的表头轻轻地放在工件外圆锥表面，调整百分表的表头指针为"0"。

② 在工件圆锥表面上轻轻地移动百分表的表头到工件锥度另外一端，百分表指针的读数一直保持为"0"，则表明圆锥角完全正确，如果读数有变化，根据读数值多少，能准确地确定圆锥角的实际误差。

➲ 2. 圆锥工件的质量分析

▼ 圆锥工件的质量分析

废品	原因	方法
锥度（半角）不正确	1. 用旋转小滑板车削时 （1）小滑板转动角度，计算错误 （2）小滑板移动时，松紧不匀	（1）仔细计算小滑板应转的角度和方向，并反复试车、调整 （2）调整塞铁，使小滑板均匀移动
	2. 用偏移尾座法车削时 （1）尾座偏移位置不正确 （2）工件长度尺寸不一致	（1）重新计算、调整尾座偏移量 （2）工件数量较多时，各工件的长度尺寸必须一致
	3. 用仿形法车削时 （1）靠模角度调整不正确 （2）滑块与模板配合不良	（1）重新调整模板的角度 （2）调整滑块和模板之间的间隙
	4. 用成形车刀车削时 （1）装刀不正确 （2）切削刃不直	（1）调整切削刃的角度和对准中心 （2）修磨切削刃的平直度
	5. 铰锥孔时 （1）铰刀锥度不正确 （2）铰刀的安装轴线与工作旋转轴线不同轴	（1）修磨铰刀 （2）用百分表和检测棒调整尾座中心
大（小）端尺寸不正确	没有经常测量工件大（小）端直径	经常测量工件大（小）端的直径，并按计算尺寸，控制进给量
双曲线误差	车刀没有对准工件中心	车刀必须严格对准工件中心
表面粗糙度没有达到要求	（1）车床主轴、床鞍之间的间隙过大 （2）切削用量不当 （3）车刀不锋利，冷却润滑不充分 （4）车床、工件、刀具系统刚性不足	（1）调整车床主轴、床鞍、中、小滑板之间的间隙 （2）选择合理的切削用量，用手摇小滑板时，注意进给均匀 （3）及时刃磨车刀，充分保证冷却润滑 （4）调整、加强车床、工件、刀具系统的刚性

四、车削外圆锥工件的实例

➲ 1. 圆锥轴工件图样

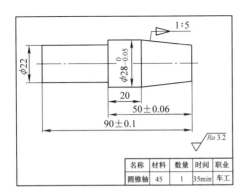

圆锥轴工件图样

➲ 2. 车削圆锥轴的工艺

车工：备料 $\phi 32mm \times 92mm$，材料为 45 钢

1）按图夹住 $\phi 32mm$ 外圆，车削工件一头端面，总长留余量车削长度至 91mm，再将 $\phi 22mm$ 柄部车削至合格，柄部长度 40mm 的闭合尺寸按 $40mm \pm 0.04mm$ 车削至合格。

2）调头夹 $\phi 22mm$ 的工件外圆，车削工件右端的锥度部分。

3）车削工件锥度小端面，将 $50mm \pm 0.06mm$ 长度车削至合格。

① 将工件的外圆 $\phi 28_{-0.05}^{0}mm$ 车削至合格。

② 车削工件 1:5 锥度至合格，并保证 $\phi 28_{-0.05}^{0}mm$ 的外圆长度 20mm 合格。

○ 3. 车削圆锥轴工件的实例

1）准备

① 准备量具：0 ~ 150mm 游标卡尺、25~50mm 外径千分尺、0 ~ 320º 游标万能角度尺、150mm 钢直尺各 1 件。
② 准备工具：活扳手、螺钉旋具、刀架、卡盘扳手各 1 件。
③ 准备刀具：90º、45º 外圆车刀各 1 把。

2）调整小滑板镶条

用螺钉旋具调整小滑板镶条的螺钉松紧，使小滑板移动时活动自如。

提示：车削前，必须检查、调整小滑板镶条的松紧，如果小滑板镶条过紧，手动走刀车削费时费力，走刀不易保证均匀，车削出来的圆锥面表面粗糙；如果调得过松，小滑板的间隙会过大，车削出来的圆锥素线不直，圆锥面表面粗糙。

3）安装工件

安装工件，工件的伸出量为 53mm 左右，安装后，要夹紧装牢，防止车削过程中工件松动。

4）安装车刀

安装车刀。

提示：车刀的刀尖要严格对准车床的主轴旋转中心，防止车刀的刀尖没有对准车床的主轴旋转中心，车削出来的圆锥表面出现双曲线。

5）车削端面

车削工件的右端面，保证工件的长度尺寸 50mm，工件端面中心不允许留有凸台。

6）车削外圆

车削工件的外径 ϕ28mm 尺寸，达到工件图样要求。

7）定长

在离工件左端尺寸 22mm 的位置刻一条外圆锥体长度尺寸的参考线，其目的是防止车削圆锥体时车削过头，把 20mm 长度尺寸车短了。

提示：工件的端面和外圆是圆锥工件的基准面，是测量外圆锥体角度和长度尺寸的共同基准。

8）松开小滑板

首先必须关闭车床的电源，然后用活动扳手将小滑板转盘上的两个紧固螺母松开。

提示：要注意安全。

a. 必须要关闭车床电源，才能开始操作。

b. 在松开小滑板紧固螺母时，操作者的重心要放在双脚上，左手压在刀架锁紧手柄上，右手握住卡在紧固螺母的活扳手，双手同时用力，用力要稳而适度，以防止活扳手与紧固螺母间打滑而发生伤手的事故。

9）转动小滑板

逆时针方向转动

① 搬动小滑板，因为圆锥轴的外圆锥体小端在右边，所以朝着逆时针方向扳过一个外圆锥半角（外圆锥体斜度）α/2（5°42′38″）。

② 小滑板转盘上的刻线为1°/格，刻线只能作为参考，要真正调整合格，需要反复调校。

③ 基本调整合格后，再压紧紧固螺母。

10）车削圆锥

车削圆锥。

提示：

① 手动操作车削外圆锥体走刀时，要稳而均匀。

② 操作时，双手要交替握住小滑板的手柄，交替时要平顺稳妥，不能停顿，以保证外圆锥体表面粗糙度达到要求。

③ 适当提高车床主轴转速，选取600r/min以上的主轴转速进行车削，能有效保证外圆锥表面粗糙度达到要求。

11）测量圆锥半角

使用游标万能角度尺检查、测量圆锥轴的外圆锥半角；边车削、边测量、边调校，直到圆锥轴的外圆锥半角符合图样要求为止。

▶ 锥度测量

12）测量长度尺寸

使用游标卡尺检查、测量圆锥轴的长度尺寸。

提示：首先要保证圆锥轴外圆锥的锥度1∶5合格后，再继续车削工件的外圆锥体，直到圆锥轴左端面的长度尺寸与圆锥轴的大端尺寸20mm重合为止。

13）终检

使用游标万能角度尺检查、测量圆锥轴外圆锥半角。

提示：

① 在车床上对圆锥轴的外圆锥体进行全面检测，确认无误后，再卸下圆锥轴进行校验。

② 检测时，要将游标万能角度尺的主尺靠紧圆锥轴外圆锥的小端面，调动测量尺，使测量尺的尺身与圆锥轴外圆锥体素线平行或与圆锥轴外圆锥素线间透光量均匀。

第八章　螺纹车削加工

➪ 1. 螺纹种类及用途

类型		图示	特征代号	标注示例	标注说明	牙型角度	用途
普通螺纹	粗牙		M	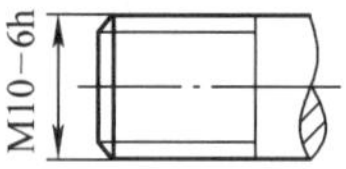 M10−6h	M：特征代号 10：公称直径 6h：公差带	60°	联接、紧固
	细牙			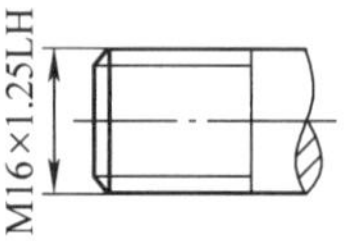 M16×1.25LH	M：特征代号 16：公称直径 1.25：螺距 LH：左旋螺纹		联接、紧固
管螺纹	55°非密封管螺纹		G	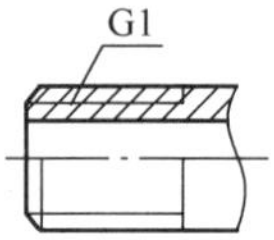 G1	G：特征代号 1：尺寸代号	55°	非密封联接
	55°密封管螺纹		R	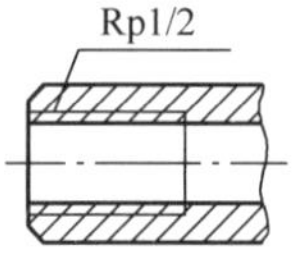 Rp1/2	Rp：特征代号 （圆柱内螺纹） 1/2：尺寸代号		密封联接 （常用于气体、液体管件联接）
梯形螺纹			Tr	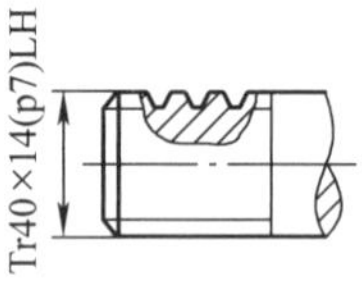 Tr40×14(p7)LH	Tr：代号 40：公称直径 14：导程 7：螺距 LH：左旋螺纹	30°	双向传动
锯齿形螺纹			B	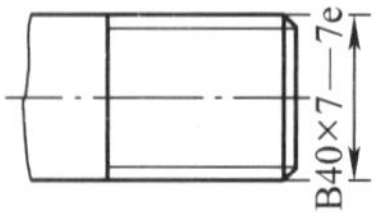 B40×7−7e	B：代号 40：公称直径 7：螺距 7e：公差带		单向传动 （螺旋千斤顶、加压机）

➪ 2. 普通螺纹的相关知识及计算

- 130 -

▼ 普通螺纹的相关知识

名称	符号	图示	
牙型角	α		60°
牙型高度	h_1		
螺纹大径（外）	d		公称直径
螺纹中径（外）	d_2		
螺纹小径（外）	d_1		
螺距	P		
导程	P_h		$P_h=nP$
螺纹大径（内）	D		
螺纹中径（内）	D_2		
螺纹小径（内）	D_1		

▼ 普通螺纹基本尺寸的计算

基本参数	外螺纹	内螺纹	计算公式
牙型角	α		$\alpha= 60°$
螺纹大径（mm）（公称直径）	d	D	$d = D$
螺纹中径（mm）	d_2	D_2	$d_2=D_2=d-0.6495P$
牙型高度（mm）	h_1		$h_1= 0.5413P$
螺纹小径（mm）	d_1	D_1	$d_2=D_2=d-1.0825P$

二、普通螺纹车刀刃磨及研磨

⬇ 高速钢普通螺纹车刀的刃磨

1）磨刀头

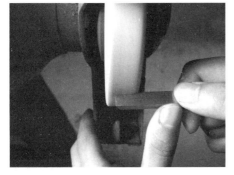

刃磨刀头右侧前部，使刀头右侧前部变窄。
提示：手握刀杆要稳，用力要均衡，以防刀头在砂轮磨削过程中，因为打滑而伤手。

2）测量

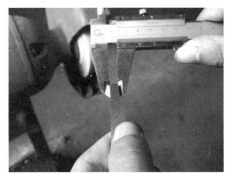

使用游标卡尺测量刀头的宽度，确保刀头的宽度不小于规定的宽度。

3）粗磨左切削刃

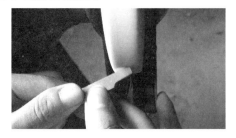

粗磨刀头左侧部分切削刃。

提示：刃磨高速钢螺纹车刀时，刀头部分要特别注意及时冷却，让刀头及时沾水降温，以免刀头部分过热，出现退火，切削刃失去切削硬度。

4）粗磨右切削刃

粗磨刀头右侧部分切削刃

提示：刃磨螺纹车刀的切削刃时，要均匀地移动，这样容易使切削刃磨得平直。

5）粗检

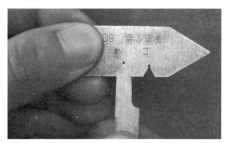

使用普通螺纹样板（中心规）检测普通螺纹车刀刀尖角度是否正确。

提示：若磨有径向前角的普通螺纹车刀，粗磨后的刀尖角略大于牙型角，待磨好普通螺纹车刀前角后，再修正刀尖角。

6）精磨右切削刃

精磨普通螺纹刀头右侧部分切削刃。

7）检测

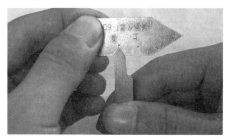

最后使用普通螺纹样板（中心规）检测普通螺纹车刀刀尖角度是否正确。

↓ 硬质合金普通螺纹车刀的刃磨

1）刃磨左侧部分的切削刃

刃磨硬质合金普通螺纹车刀左侧部分的切削刃。

提示：刃磨整体式硬质合金普通螺纹车刀时，要特别注意刀尖角的中心线一定要磨得与刀体垂直，不要磨偏、磨斜。

2）刃磨右侧部分的切削刃

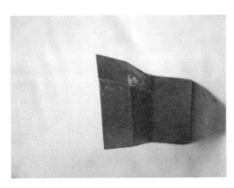

刃磨硬质合金普通螺纹车刀右侧部分的切削刃。

3）检查刀尖角

用普通螺纹样板检查硬质合金普通螺纹车刀刀尖角度的正确性。

提示：为了保证硬质合金普通螺纹车刀磨出准确的刀尖角，在刃磨时必须用60°普通螺纹角度样板（中心规）进行检查。

↓ 硬质合金普通内螺纹车刀的刃磨

1）准备

准备硬质合金普通内螺纹车刀1把、普通螺纹样板1块。

2）粗磨左侧切削刃

粗磨硬质合金普通内螺纹车刀左侧切削刃。

3）粗磨右侧切削刃

粗磨硬质合金普通内螺纹车刀右侧切削刃。

4）精磨左侧切削刃

精磨硬质合金普通内螺纹车刀左侧切削刃。

5）精磨右侧切削刃

精磨硬质合金普通内螺纹车刀右侧切削刃。

6）检查刀尖角

使用普通螺纹样板（中心规），检查硬质合金普通内螺纹车刀的刀尖角，检查刀尖角与普通螺纹样板的重合度。

7）磨前角

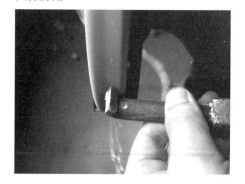

精磨硬质合金普通内螺纹车刀的前角。

⬇ 硬质合金普通外螺纹车刀的研磨

1）研磨主切削刃

使用磨石，采用向上推的方式，研磨普通硬质合金螺纹车刀的左、右主切削刃。

2）研磨刀尖圆弧

使用磨石，采用做圆弧运动的方式，研磨普通硬质合金螺纹车刀的刀尖圆弧。

3）研磨前角

使用磨石，采用向前推的方式，研磨普通硬质合金螺纹车刀的前角。

三、螺纹加工

用圆板牙加工普通外螺纹

1）车削端面

使用 45° 外圆车刀车削工件的端面。

2）车削外螺纹大径

① 使用 90° 外圆车刀在工件表面进行对刀。

② 用 90° 外圆车刀车削工件的外圆尺寸，即普通外螺纹的大径。

提示：普通外螺纹的公称直径就是普通外螺纹的大径。

3）测量

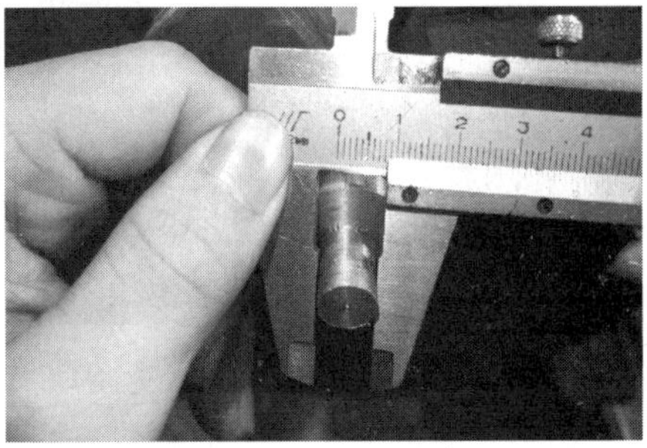

① 使用游标卡尺测量工件的大径尺寸。

② 使用游标卡尺测量工件的长度尺寸。

4）倒角

用45°外圆车刀在工件大径的端面处倒角。

5）装变径套

在车床尾座的套管里装上莫氏变径套。

6）移动尾座

① 用手拉动尾座到适当的位置。

② 用手拉动锁紧手柄，锁住尾座。

7）刷油

① 用刷子给工件的大径刷油。

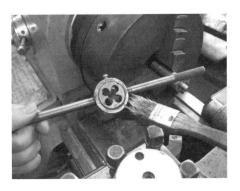

② 用刷子给圆板牙刷油。

② 用手搬动铰杠，使圆板牙切削工件，加工出普通外螺纹。

8）切螺纹

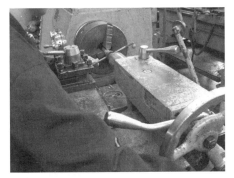

9）退出尾座

当圆板牙切削外螺纹到位后，松开尾座的锁紧手柄，退出尾座。

10）退出圆板牙

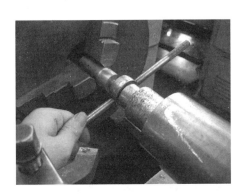

① 右手摇动尾座的手轮，左手拿着圆板牙对准工件的大径，继续摇动尾座的手轮，用莫氏变径套的端面顶住圆板牙的端面，使圆板牙能攻进工件的大径。

用手握着圆板牙的铰杠，退出圆板牙。

11）外螺纹成形

工件的普通外螺纹已经加工完成。

12）取下工件

取下成品工件。

▼ 用丝锥加工普通内螺纹

1）车削端面

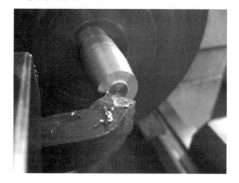

使用 45° 外圆车刀车削工件的端面。

2）装钻夹头

把钻夹头装进尾座的套管里。

3）装钻头

使用钻夹头钥匙锁紧已经装进钻夹头的直柄麻花钻头。

4）移动尾座

用手拉动尾座到适当位置。

5）锁住尾座

用手握住尾架的锁紧手柄锁住尾座。

6）调速

调整换档手柄，进行变速，让主轴转速变为 320r/min。

7）钻孔

① 将钢直尺放在尾座的套管外，用于控制钻孔的深度。

② 起动车床，摇动尾座的手轮，使用麻花钻头进行钻孔。

提示：d（普通内螺纹的小径）=D（普通螺纹公称直径）$-1.1P$（螺距）。

③ 当麻花钻头进行钻孔，钻到规定的距离时，立即退出麻花钻头。

④ 把尾架退回到适当的位置。

8）倒角

使用 45° 内孔车刀在工件的内孔孔口处倒角。

9）装活动顶尖

在尾座的套筒里装上活动顶尖。

10）移动尾座

用手拉动尾座到适当的位置。

11）锁紧尾座

用手拉动锁紧手柄，锁住尾座。

12）装丝锥

在铰杠里装上丝锥，并锁紧。

13）刷油

①用刷子给丝锥刷油。

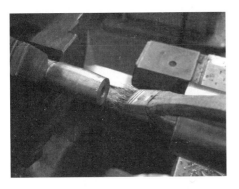

② 用刷子给工件的内孔刷油。

14）攻螺纹

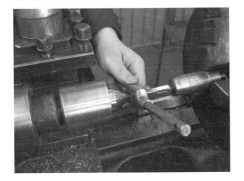

① 一只手拿着装了丝锥的铰杠对准工件的内孔。

② 一只手拿着铰杠，另外一只手转动手轮，让活动顶尖顶住丝锥进入工件的内孔。

③ 双手握住铰杠，进行均匀转动，攻内螺纹，一直让丝锥攻到位。

④ 双手握住铰杠，反方向转动，退出丝锥。

15）内螺纹成形

工件内螺纹加工已经完成。

16）取下工件

使用卡盘扳手松开工件，取出工件。

▼ **普通外螺纹车刀对刀**

1）装刀

使用刀架扳手安装普通外螺纹车刀。

2）对中心

普通外螺纹车刀对准工件的旋转中心。

3）样板对刀

把普通螺纹样板（中心规）靠在工件的外表面上，普通外螺纹车刀对好普通螺纹样板，对刀结束。

▼ **普通内螺纹车刀对刀**

1）装刀

使用刀架扳手安装普通内螺纹车刀，其刀尖一定要对准工件的旋转中心。

2）对螺纹样板

把普通螺纹样板（中心规）靠在工件的端面上，普通内螺纹车刀对好普通螺纹样板。

3）样板对刀

在上面的基础上，在对刀样板与普通内螺纹车刀的下面垫上一张白纸进行对刀，增加了白纸后，很容易看清楚样板和螺纹车刀是否重合，即是否对好刀。

▼ 车削螺纹的进刀分析

进刀方式	图示	图片	方法
直进法			用一把螺纹车刀采用直进法粗、精车螺纹，双面排屑
			提示：$P \leqslant 3mm$ 时普通螺纹粗、精车削
左右进刀法			按图示，螺纹车刀向螺纹左面进行车削
			提示：$P \geqslant 3mm$ 时螺纹车削
			按图示，螺纹车刀向螺纹右面进行车削
斜进刀法			按图示，螺纹车刀斜向进行切削，单面排屑
			提示：$P \geqslant 3mm$ 时螺纹与塑料材料螺纹的粗车

车削普通螺纹前，必须要做的工作如下：

1）变换手柄位置。按工件螺距要求，在进给箱铭牌上，找到交换齿轮的齿数和交换齿轮手柄位置，并把手柄拨到所需要的位置上。

2）调整交换齿轮。按铭牌表配备的齿轮，需要重新调整交换齿轮。在调整的时候，按以下步骤进行：

① 必须要切断车床的电源。

② 主轴箱上的变速手柄应放在中间空档的位置。

③ 要数清楚交换齿轮的齿数，并识别车床齿轮轴的上、中、下轴。

④ 要将齿轮套筒和齿轮轴擦拭干净，加注润滑油后，再装上。

⑤ 装配交换齿轮时，要特别注意调整好两个齿轮间的啮合间隙，一般啮合间隙应保持在 0.1 ~ 0.15mm；如果啮合间隙太紧，齿轮在运行中会产生很大的噪声，加速齿轮的磨损。

3）调整滑板间隙。调整中、小滑板镶条时，不能太紧，也不能太松。太紧了，操作不灵活，摇动滑板费力；太松了，车削螺纹时，容易产生"扎刀"。

螺距的检查方法

1）钢直尺检查

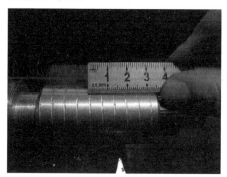

使用钢直尺检查螺纹的螺距，至少要检查两扣以上的螺距，才能保证螺距的正确性。

2）游标卡尺检查

使用游标卡尺检查螺纹的螺距，至少要检查两扣以上的螺距，才能保证螺距的正确性。

3）带表卡尺检查

使用带表卡尺检查螺纹的螺距，至少要检查两扣以上的螺距，才能保证螺距的正确性。

4）螺纹样板检查

使用螺纹样板检查螺纹的螺距，至少要检查两扣以上的螺距，才能保证螺距的正确性。

螺纹千分尺测量螺纹中径

1）放入

轻轻把螺纹千分尺放入普通螺纹槽内，转动微分筒。

2）读数

直接读数，就是普通螺纹中径的实际值。

单针测量螺纹中径

1）准备

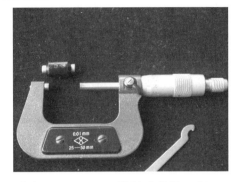

a. 准备 25 ～ 50mm 外径千分尺 1 把。

b. 准备量针 1 根。

2）单针测量

将量针放进螺纹槽内，再把外径千分尺放在量针上测量螺纹的中径。

提示：

$$A=(M+d_0) /2$$

式中　A——单针读数值；

　　　M——M 值；

　　　d_0——大径实际值。

图解车削加工技术

三针测量螺纹中径

1）准备

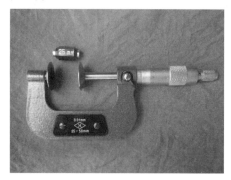

① 准备公法线千分尺 1 把。

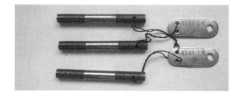

② 按图示，准备量针一套。
提示：最佳量针计算公式如下：
$\alpha=60°$ 时 $d_D=0.577P$
$\alpha=30°$ 时 $d_D=0.518P$
式中　α——螺纹牙型角（°）；
　　　P——螺距（mm）。

2）放入量针

把三根量针放入螺纹槽内，其中两根放在公法线千分尺下测量面与螺纹槽之间，一根放在公法线千分尺测量面与螺纹槽内。

3）读数

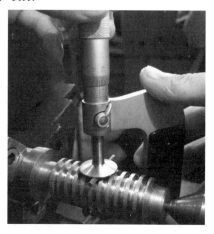

使用量针与公法线千分尺测量螺纹的中径，在公法线千分尺上读 M 值。

三针测量 M 值的简化公式如下：
$\alpha=60°$ 时 $M=d_2+3d_D-0.866P$
$\alpha=30°$ 时 $M=d_2+4.864d_D-1.866P$
式中　α——螺纹牙型角（°）；
　　　M——公法线千分尺测量值(mm)；
　　　d_2——螺纹中径（mm）；
　　　d_D——量针直径（mm）。

用游标齿厚卡尺测量蜗杆

1）准备

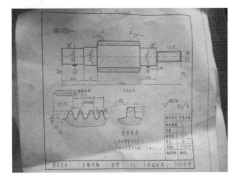

① 读图样。

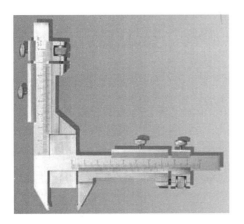

② 准备游标齿厚卡尺（m1~m18）一把。

2）锁定齿顶高尺寸

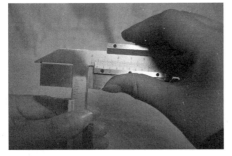

① 用手推游标齿高卡尺，初步确定被测齿顶高的近似数值。

提示：蜗杆的齿顶高等于蜗杆的模数 m。

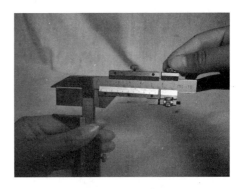

② 用手拧动游标齿高卡尺上后面的锁定螺钉，使游标齿高卡尺主尺上的近似数值不会发生变化。

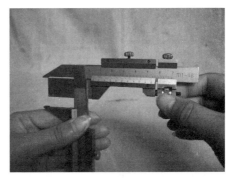

③ 用手拧动微调装置，让游标齿高卡尺的齿顶高定在精确的尺寸上。

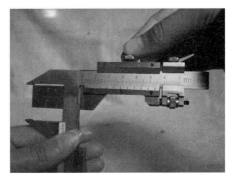

④ 用手拧紧游标齿高卡尺的紧固螺钉，锁定齿顶高尺寸。

3）测量齿厚尺寸

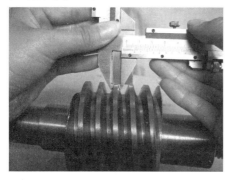

① 把游标齿厚卡尺放到要测量蜗杆的齿厚上，用手推动游标齿厚卡尺。

② 用手拧动游标齿厚卡尺的微调装置，使游标齿厚卡尺的读数更加准确。

③ 用手拧紧游标齿厚卡尺的紧固螺钉，能使游标齿厚卡尺的测量尺寸不变。

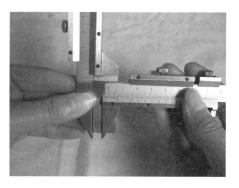

④ 从蜗杆的齿厚上取下游标齿厚卡尺，再读数。

▼ 用螺纹环规综合测量普通外螺纹

1）准备

① 这是普通螺纹环规的通规，从外表看：环规的通规厚，牙数多，常用于综合测量普通外螺纹。

② 这是普通螺纹环规的止规，从外表看：环规的止规薄，牙数少，常用于综合测量普通外螺纹。

2）普通螺纹轴

准备普通螺纹轴。

3）综合检测

使用螺纹环规的通规综合测量普通外螺纹；如果能够拧到底，而螺纹环规的止规不能够通过，则工件的普通外螺纹就合格；如果使用螺纹环规的止规检查工件的普通外螺纹，并且能够拧到底，则工件的普通外螺纹就不合格。

⬇ 用螺纹塞规综合测量普通内螺纹

1）准备

这是普通螺纹塞规，普通螺纹牙数数量多的一端是通规，少的一端是止规，常用于综合测量普通内螺纹。

2）普通内螺纹工件

① 准备普通内螺纹工件。

② 使用普通螺纹塞规的通规，综合检查普通内螺纹；如果通规能够全部拧到位，而普通螺纹塞规的止规不能够通过，则工件的普通内螺纹就合格；如果普通螺纹塞规的止规能通过工件的普通内螺纹，则工件的普通内螺纹就不合格。

四、螺纹的车削质量分析

▼ 车削螺纹的质量分析

质量问题	原因	方法
尺寸不正确	（1）车削外螺纹前，螺纹大径尺寸不对 （2）车削内螺纹前，内螺纹的小径尺寸不对 （3）车刀刀尖磨损 （4）螺纹车刀切深过大或过小	（1）根据外螺纹公称尺寸，车削外螺纹的大径尺寸 （2）根据内螺纹公称尺寸，计算出内螺纹小径，再车削内螺纹小径尺寸 （3）经常检查螺纹车刀，并及时修磨螺纹车刀的刀尖 （4）车削螺纹时，严格掌握螺纹的切入深度
螺纹牙型角不正确	（1）螺纹车刀牙型角刃磨不准确 （2）车刀装夹不正确 （3）车刀磨损严重	（1）重新刃磨螺纹车刀，确保螺纹车刀牙型角的正确性 （2）螺纹车刀刀尖严格对准工件的轴线，找正螺纹车刀牙型角平分线，使其与工件轴线垂直 （3）及时换螺纹车刀，使用耐磨材料制造螺纹车刀，提高刃磨质量，减小切削用量
螺距超差	（1）车床进给箱手柄扳错 （2）交换齿轮挂错或计算错误	（1）认真检查车床进给箱手柄位置 （2）认真检查车床的交换齿轮
螺距周期性误差超差	（1）车床主轴或车床丝杠轴向窜动太大 （2）交换齿轮间隙不当 （3）交换齿轮磨损，齿形有毛刺 （4）主轴、丝杠或交换齿轮轴轴向圆跳动太大 （5）中心孔圆度超差，中心孔深度太浅或与顶尖接触不良 （6）工件弯曲变形	（1）调整车床主轴和丝杠的间隙，消除轴向窜动 （2）调整交换齿轮啮合间隙，其值控制在 0.1 ~ 0.15mm 范围内 （3）妥善保管交换齿轮，使用前，检查、清洗齿轮，对有毛刺的齿形，进行去毛刺 （4）按技术要求，调整车床的主轴、丝杠和交换齿轮轴轴向圆跳动量 （5）中心孔锥面与标准顶尖接触面不得少于85%，车床上使用的顶尖不要人头，以免与工件的中心孔底部相碰；工件两端的中心孔一定要研磨，使其同轴 （6）合理安排工艺路线，减少切削用量，充分冷却
螺距累积误差超差	（1）车床尾座或导轨的直线度超差，导致对工件轴线的平行度超差 （2）工件轴线对车床丝杠轴线的平行度超差 （3）丝杠副磨损 （4）环境因素变化太大 （5）切削热、摩擦热使工件伸长 （6）螺纹车刀磨损太严重 （7）顶尖顶力太大，使工件变形	（1）调整车床尾座或刮研车床导轨，使工件轴线平行 （2）调整丝杠或车床尾座，使工件轴线和丝杠平行 （3）更换新的丝杠副 （4）工作场地要保持恒温度 （5）合理选择切削用量和切削液，切削时，加大切削液流量和压力 （6）选用耐磨性强的刀具材料，提高螺纹车刀的刃磨质量 （7）车削过程中，经常调整车床尾座顶尖的压力
螺纹中径几何形状超差	（1）中心孔质量低 （2）车床主轴圆柱度超差 （3）工件外圆圆柱度超差，与跟刀架孔配合太松 （4）刀具磨损大	（1）提高中心孔的质量，研磨中心孔，保证其圆度和接触精度，工件两端的中心孔一定要同轴 （2）修理车床主轴，使其符合要求 （3）提高工件外圆精度，提高与跟刀架孔的配合质量 （4）提高刀具耐磨性，降低切削用量，充分冷却

（续）

质量问题	原因	方法
螺纹牙型表面粗糙度值达不到要求	（1）刀具刃口质量差 （2）精车时，进给量太小而产生刮挤现象 （3）切削速度选择不当 （4）切削液的润滑性不佳 （5）车床振动大 （6）刀具前、后角大小 （7）工件切削性能差 （8）切削刮伤已加工面	（1）降低各切削刃面的表面粗糙度值，提高切削刃锋利程度，刃口不得有毛刺、缺口 （2）使刀屑厚度大于切削刃的圆角直径 （3）合理选择切削速度，避免积屑瘤的产生 （4）选用有极性添加剂的切削液，或采用动（植）物油，通过极化处理，以提高切削液的润滑性 （5）调整车床各部位间隙，采用弹性刀杆，硬质合金车刀刀尖适当装high，车床安装在有防振沟的单独基础上 （6）适当增加刀具的前、后角 （7）车削螺纹前，增加热处理调质工序 （8）改为直进法
扎刀或打刀	（1）刀杆刚性差 （2）车刀装夹高度不当 （3）进给量太大 （4）进刀方式不当 （5）车床各部间隙太大 （6）车刀前角太大，径向切削分力将车刀推向切削面 （7）工件刚性差	（1）刀头伸出刀架的长度应大于1.5倍的刀杆高度，采用弹性刀杆，内螺纹车刀刀杆选用较硬的材料，并淬火至35～45HRC （2）车刀刀尖应对准工件轴线，采用硬质合金车刀，高速车削螺纹时，刀尖应略高于轴线；采用高速钢车刀，低速车螺纹时，刀尖应略低于工件轴线 （3）减少进给量 （4）改直进法为斜进法或左、右进刀法 （5）调整车床各部位的间隙，特别是减少车床主轴和中、小滑板间隙 （6）减小车刀前角的角度 （7）采用跟刀架支承工件，并采用左、右进刀法进行切削，减少进给量
螺纹乱扣	车床丝杠螺距值不是工件螺距值的整倍数时，返回行程提起了开合螺母	当车床丝杠螺距不是工件螺距整倍数时，返回行程必须打反车，不得提起开合螺母

五、普通螺纹工件的车削

◌ 1. 普通螺纹轴的图样

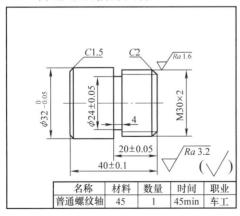

名称	材料	数量	时间	职业
普通螺纹轴	45	1	45min	车工

普通螺纹轴

◌ 2. 普通螺纹轴的车削

1）准备螺纹千分尺

① 准备 25 ～ 50mm 普通螺纹千分尺。

② 选择螺距为 2mm 的圆锥形测量头。

② 把微分筒上的"0"点对准,扳动测微螺杆锁紧装置。

③ 在普通螺纹千分尺上安装圆锥形测量头及 V 形测量头。

2）调校普通螺纹千分尺

① 取出普通螺纹千分尺的标准校对杆。

③ 将标准校对杆尺对好,注意使用棘轮进行检查。

④ 调整测砧螺母。

3）安装工件

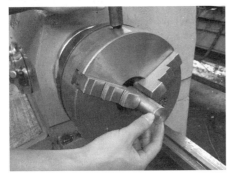

① 把工件的材料放进自定心卡盘里，使用卡盘扳手，安装、锁紧工件。

② 使用钢直尺控制工件材料的伸出长度。

4）定长

① 使用钢直尺和 90° 外圆车刀，定长度 20mm。

② 用 90° 外圆车刀在工件表面上进行刻线。

5）车削螺纹大径尺寸

① 使用 90° 外圆车刀粗车工件外圆。

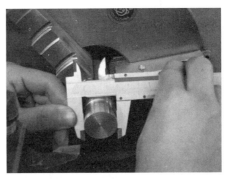

② 使用游标卡尺测量工件外径 ϕ 30mm 尺寸。

③ 使用90°外圆车刀，精车工件大径 ϕ 30mm尺寸，达到工件图样中普通螺纹大径尺寸 ϕ 30mm的要求。

④ 使用外径千分尺测量工件大径 ϕ 30mm尺寸。

⑤ 使用游标深度卡尺，检测工件台阶深度尺寸。

6）切退刀槽

① 更换车刀，调用切断刀。

② 使用切断刀，车出退刀槽，在车退刀槽时，要注意控制退刀槽的宽度尺寸和深度尺寸。

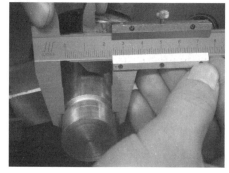

③ 使用游标卡尺，检测退刀槽外径 ϕ 24mm尺寸。

④ 使用游标卡尺，检测退刀槽宽度尺寸 4mm。

7）倒角

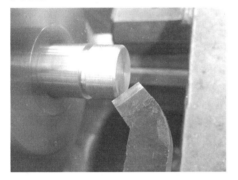

使用 45° 外圆车刀，在工件的端面倒角 C2。

8）安装螺纹车刀

① 使用刀架扳手安装普通螺纹车刀。

② 让普通螺纹车刀对准工件的旋转中心。

③ 使用刀架扳手压紧普通螺纹车刀。

④ 把普通螺纹样板（中心规）的一个边靠在工件的外表面上，另外一个边的普通螺纹角度与普通螺纹车刀的刀尖角对好。

9）交换齿轮换档

① 根据车削普通螺纹的螺距、普通螺纹车刀的材料，调整相应的车床转速，对于初学者，建议采用 35r/min。

② 把手柄换到车削螺纹的图标位置。

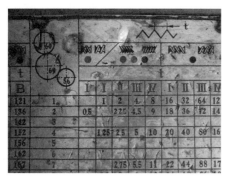

③ 在车床的铭牌中，根据图样中的 2mm 螺距，选择相应的手柄Ⅰ及档位Ⅱ。

④ 在右边的档位中，把手柄搬到"1"的位置。

⑤ 在左边的档位中，把手柄搬到"Ⅱ"的位置。

10）车削螺纹

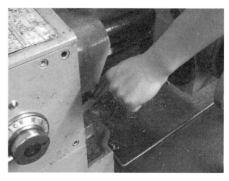

① 提起离合器操作手柄，起动车床。

② 使用普通螺纹车刀在工件外圆表面轻轻地接触，进行对刀。

③ 让中滑板刻度盘上的刻线调整到"0"线。

④ 搬动刻度盘上的小止动片。

⑤ 进刀。

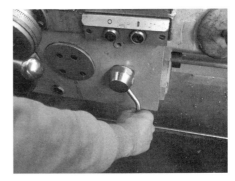

⑥ 压下开合螺母，进行试切。

⑦ 停车后，使用螺纹样板检测螺距 2mm 的正确性。

⑧ 使用游标卡尺检测螺距 2mm 的正确性。

⑨ 进行螺纹车削。

⑩ 使用小滑板，进行进刀。

⑪ 使用螺纹千分尺测量普通螺纹的中径尺寸。

⑫ 普通螺纹车削合格后，提起开合螺母，普通螺纹车削结束。

11）定长

使用钢直尺和切断刀，进行定长，并留余量 0.5mm。

12）切断

切断。

13）安装工件

工件掉头，安装。

14）定总长

使用45°外圆车刀车平工件端面，定总长，达到图样要求。

15）检测

使用游标卡尺检测工件的总长尺寸。

六、螺纹车削综合实例

● 1. 锥轴的图样

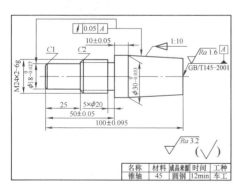

锥轴

● 2. 锥轴的车削

1）安装工件

① 使用自定心卡盘和卡盘扳手，安装工件材料。

② 使用钢直尺，控制工件材料的伸出长度。

2）安装车刀

使用刀架扳手安装车刀。

3）车削端面、外圆

① 调整速度为 630r/min。

② 调整进给量。

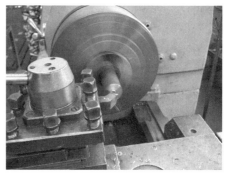

③ 使用 45° 外圆车刀车削工件的端面。

④ 使用 90° 外圆车刀在 49.5mm 处做长度标记。

⑤ 使用 90°外圆车刀车削工件外圆 ϕ 26mm 尺寸，长度车削至 49.8mm。

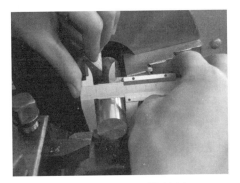

⑥ 使用游标卡尺测量工件外圆 ϕ 26mm 尺寸。

⑦ 使用游标深度卡尺测量工件长度尺寸 49.8mm。

4）钻中心孔

① 在车床尾座套管里，安装钻夹头。

② 使用钻夹头钥匙，锁紧中心钻。

③ 用手将车床尾座拉向工件。

④ 让中心钻靠近工件的端面。

⑤ 用手将车床的尾座锁紧。

⑥ 换档、调速至 800r/min。

⑦ 在工件的端面上钻削中心孔。

5）装夹工件

工件掉头，使用自定心卡盘，装夹工件。

6）车端面、定总长

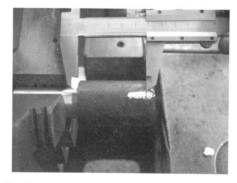

① 使用游标卡尺粗定工件长度 51mm，并在工件表面刻线。

② 使用 45° 外圆车刀，车削工件的端面，保证长度尺寸 51.5mm。

③ 使用游标卡尺检查工件总长度 100mm。

7) 车削外圆

① 装夹工件，使用 90° 外圆车刀，车削工件的外圆，车削工件的外径到 φ32mm 尺寸。

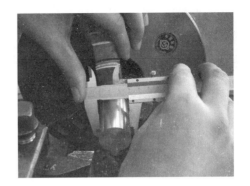

② 使用游标卡尺测量工件外径 φ32mm 尺寸。

8) 钻中心孔

选用转速 800r/min，使用钻夹头的中心钻在工件的端面钻削中心孔。

9) 车削前顶尖

① 用扳手松开小滑板的紧固螺栓，用双手把小滑板扳转到 30°，用活扳手锁紧小滑板的紧固螺栓。

- 163 -

② 使用 90° 外圆车刀，摇动小滑板车削前顶尖。

10）安装工件

① 把工件的一端装进对分夹头（四方夹头），使用活动扳手紧固对分夹头上的螺栓。

② 工件采用两顶尖装夹方式进行安装，即一头顶在前顶尖，另一端用活动顶尖进行支承。

③ 对分夹头（四方夹头）的拨杆一定要紧贴卡爪的表面。

11）车削阶台外圆

① 使用 90° 外圆车刀，车削工件的外圆 ϕ24.5mm 尺寸。

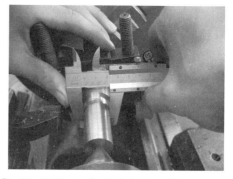

② 使用游标卡尺测量工件的外圆 ϕ24.5mm 尺寸。

③ 使用游标卡尺在工件的外圆表面上定长标记 25mm。

④ 使用 90° 外圆车刀，粗车台阶外圆 ϕ18.5mm 尺寸。

⑤ 使用 90° 外圆车刀，精车台阶外圆 ϕ18mm 尺寸。

⑥ 使用游标深度卡尺测量台阶长度 25mm 尺寸。

⑦ 使用外径千分尺测量台阶外圆 ϕ18mm 尺寸。

12）车削螺纹大径

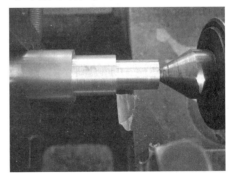

① 使用 90° 外圆车刀，精车螺纹大径 ϕ24mm 尺寸。

② 使用游标深度卡尺测量台阶长度尺寸
50mm。

③ 使用外径千分尺检测外圆尺寸 $\phi24$ mm。

13）切退刀槽

① 使用切断刀切退刀槽，保证 5mm ×
$\phi20$mm 尺寸。

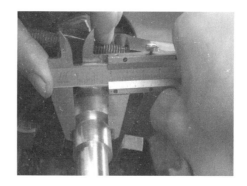

② 使用游标卡尺测量退刀槽 5mm × $\phi20$mm
尺寸。

14）倒角

① 使用 45° 外圆车刀在工件端面倒角
C1。

② 使用 45° 外圆车刀在工件第一个台阶
端面倒角 C2。

15）准备

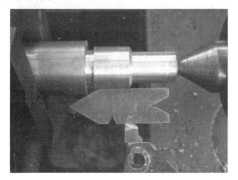

① 使用普通螺纹样板（中心规）与普通螺纹车刀进行对刀。

② 换档，调整、选择转速 28r/min。

③ 选择标准右螺纹图形。

④ 按车床铭牌螺距 2mm 的要求，调整相应手柄。

16）车削螺纹

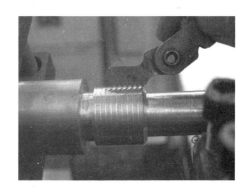

① 试车削螺纹第一扣后，使用螺距规检测螺距 2mm 的正确性。

② 使用普通螺纹车刀车削普通螺纹，一直车削到普通螺纹合格为止。

③ 使用螺纹千分尺检测普通螺纹的中径尺寸。

17）装夹工件

① 锥轴调头，使用对分夹头装夹锥轴。

② 使用两顶尖装夹方式，安装锥轴。

18）车削外圆

① 使用 90° 外圆车刀，车削外圆 $\phi30$mm 尺寸。

② 使用外径千分尺检测外圆 $\phi30$mm 尺寸是否合格。

19）车削锥度

① 使用活动扳手松开小滑板的紧固螺栓，转动小滑板，搬到图样规定的斜角。

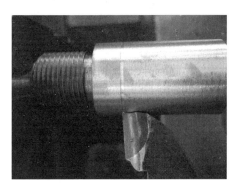

② 使用游标卡尺和 90° 外圆车刀，确定好锥度大端距离 10mm，使用 90° 外圆车刀在锥轴表面刻下粗基准。

③ 使用 90° 外圆车刀，通过移动小滑板，车削锥度。

④ 使用游标万能角度尺测量锥度，检测锥度是否合格。

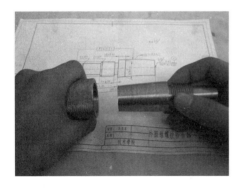

⑤ 使用配套的圆锥套与锥轴的锥度着色率来判断锥度的准确性，再通过游标深度卡尺来判断锥度是否加工到位。

20）成品

① 锥轴成品。

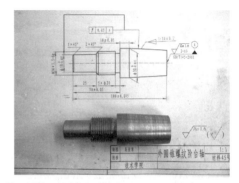

② 锥轴图样与锥轴成品。

第九章　特形面的车削

一、圆球手柄的计算

在直角三角形 $\triangle AOB$ 中，

$$OA = \sqrt{\left(\frac{D}{2}\right)^2 - \left(\frac{d}{2}\right)^2} = \frac{1}{2}\sqrt{D^2 - d^2}$$

$$L = \frac{D}{2} + OA$$

则　$L = \frac{1}{2}\left(D + \sqrt{D^2 - d^2}\right)$

式中　L—— 球状部分长度（mm）；

　　　D—— 圆球直径（mm）；

　　　d—— 柄部直径（mm）。

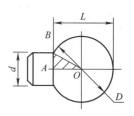

圆球手柄的计算

二、特形面车刀的刃磨

▼硬质合金凸圆弧车刀的刃磨

1）磨后角

① 刃磨 R 车刀正面的后角。

② 刃磨 R 车刀左边的后角。

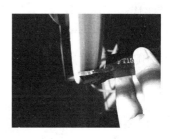

③ 刃磨 R 车刀右边的后角。

2）刃磨 R

① 刃磨 R 车刀左边的圆弧，作圆弧运动，均匀刃磨。

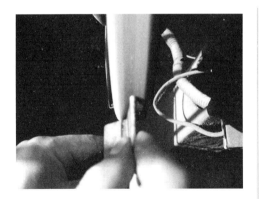

② 刃磨凸圆弧车刀中间的圆弧，做圆弧运动均匀刃磨。

③ 刃磨凸圆弧车刀右边的圆弧，做圆弧运动均匀刃磨。

④ 刃磨凸圆弧车刀的圆弧，做连续性的圆弧运动进行均匀刃磨。

↓ 高速钢凹圆弧车刀的刃磨

1）磨左上角

用手拿着高速钢刀条，在砂轮机上先刃磨高速钢刀条的左上角，同时刃磨出后角。

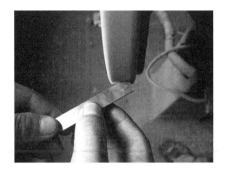

提示：刃磨高速钢刀条时，注意做好刃磨过程中高速钢刀条的降温工作，及时让高速钢刀条沾水，防止高速钢凹圆弧车刀的切削刃出现退火，而失去切削功能。

2）修整

用手拿着金刚石把砂轮修整成带有圆弧角。

3）磨 *R* 圆弧

利用砂轮修磨出来的圆弧角刃磨凹圆弧车刀。

4）检查

使用半径样板（*R* 规）检查凹圆弧车刀的贴合度和透光度来判断凹圆弧车刀是否合格。

▼ 高速钢凸圆弧车刀的刃磨

1）磨左、右角

用手拿着高速钢刀条，在砂轮机上刃磨高速钢刀条的左、右两边角，同时刃磨出后角。

提示：注意做好刃磨过程中高速钢刀条的降温工作，及时让高速钢刀条沾水，防止高速钢凸圆弧车刀的切削刃出现退火，而失去切削功能。

2）磨 *R* 圆弧

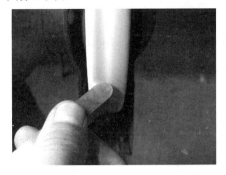

手握高速钢刀条均匀地做圆弧运动，刃磨凸圆弧车刀。

3）检查

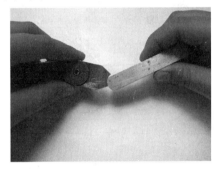

① 手握半径样板（*R* 规）和高速钢凸圆弧车刀，检查凸圆弧车刀的贴合度。

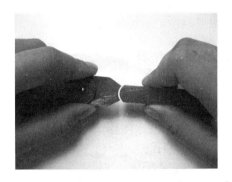

② 手握半径样板（*R* 规）和高速钢凸圆弧车刀，检查凸圆弧车刀透光的均匀性。

三、车削特形面

⬇ 成形车刀车削凸圆弧

车削凸圆弧

使用高速钢凹圆弧车刀，车削工件的凸圆弧。

提示：使用高速钢凹圆弧车刀，车削工件的凸圆弧时，由于切削刃与工件接触面大，所以车削时，车床的转速一定要选择低速，进刀速度要慢一点，同时要加注切削油。

⬇ 成形车刀车削凹圆弧

1）装刀

安装高速钢凸圆弧车刀。

2）车削凹圆弧

使用高速钢凸圆弧车刀，车削工件的凹圆弧。

使用高速钢凸圆弧车刀，车削工件的凹圆弧时，由于切削刃与工件接触面大，所以车削时，车床的转速一定要选择低速，进刀速度要慢一点，同时要加注切削油。

双手操作车削特形面

1）定长

使用钢直尺和45°外圆车刀在圆球的计算中心处，定长。

2）刻线

使用45°外圆车刀在圆球的计算中心外圆表面轻轻地刻上一条线。

3）右倒角

使用45°外圆车刀在圆球的右侧进行45°倒角，去除部分余量。

4）左倒角

使用45°外圆车刀在圆球的左侧进行45°倒角，去除部分余量。

5）车削右圆弧

使用圆弧车刀在圆球的右侧，双手操作反复车削圆球的右圆弧。

6）车削左圆弧

使用圆弧车刀在圆球的左侧，双手操作反复车削圆球的左圆弧。

7）车削圆球

使用圆弧车刀，双手操作反复车削圆球的圆弧。

四、特形面的检测方法及车削质量分析

➲ 1.检测特形面

⬇ 用半径样板（R 规）检测圆弧

1）准备

准备半径样板（R 规）。

2）检查

使用半径样板（R 规）检查圆球。

自制半径样板（圆弧样板）检测圆弧

1）镗孔

使用 90° 内孔车刀镗孔。

2）测量

使用游标卡尺测量内孔尺寸。

3）对百分表

使用游标卡尺校对外径千分尺的尺寸。

使用外径千分尺校对内径百分表的尺寸。

4）测量

使用内径百分表测量内孔的尺寸。

5）倒角

使用 90° 外圆车刀偏转一个角度，在内孔的孔口处倒大角。

6）切断

使用游标卡尺和切断刀进行定长、切断。

7）装夹

把切下的圆环装夹在台虎钳的钳口上。

8）锯圆环

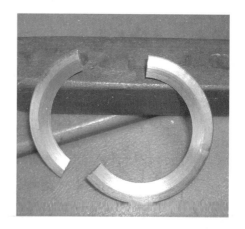

使用手用钢锯锯断圆环，做成自制的半径样板（圆弧样板）。

9）测量圆球

使用自制的半径样板（圆弧样板）检测圆球的圆弧。

➾ 2. 特形面质量分析

▼ 特形面质量分析

废品	原因	方法
型面不正确	（1）形面样板有误差 （2）成形刀的切削刃刃磨不正确 （3）成形刀装夹不正确 （4）靠模有误差 （5）双手操作不协调	（1）加工前，认真检查形面样板 （2）成形刀的切削刃刃磨一定要符合样板 （3）成形刀装夹要一定要装正，不能偏斜，并要严格对准车床的旋转中心 （4）检查靠模的型面及安装 （5）注意改进双手操作的配合
尺寸不对	（1）长度或坐标点计算错误 （2）加工中，测量有误 （3）加工中，操作有误	（1）认真检查、校对计算结果 （2）加工时，认真测量，以防出错 （3）加工时，应分粗、精车
表面粗糙度达不到要求	（1）车削的痕迹过深 （2）成形面上产生振纹 （3）抛光修饰不够	（1）粗车时，车削不能过量，要逐步进行 （2）成形刀的切削刃宽度过宽或后角太大，增大成形刀的后角、减少成形刀切削刃的宽度，加强工件的刚性 （3）留足余量，加强抛光、修饰

五、双手控制法车削圆球手柄的实例

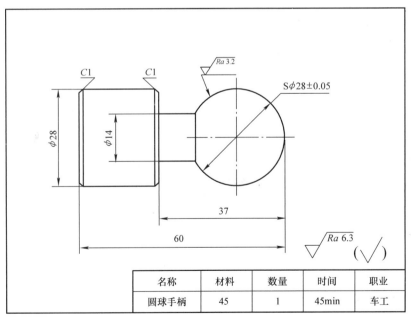

圆球手柄图样

▼ 车削圆球手柄的实例

1）车削端面、外圆

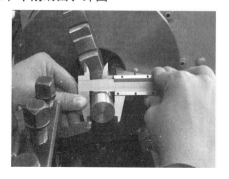

① 将经检查合格的毛坯安装在自定心卡盘上，伸出长度为 70mm。

② 使用 90° 外圆车刀，车削外圆 ϕ28mm 尺寸至合格，注意：在长度 37mm 尺寸内的圆球部分，外圆多留余量 0.1 ～ 0.15mm。

③ 使用外径千分尺检测外圆尺寸。

2）定长

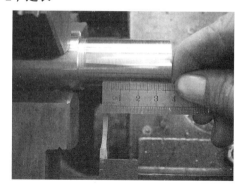

以车削好的工件右端面为基准，使用钢直尺和切断刀定长度 37mm。

3）切槽

① 使用切刀切 ϕ14mm 槽，注意：球状部分的长度尺寸为 26.12mm（通过计算得到）。

② 使用外径千分尺检查，保证小外圆 ϕ14mm 尺寸合格。

③ 使用游标卡尺测量长度尺寸 26.12mm。

4）车削圆球

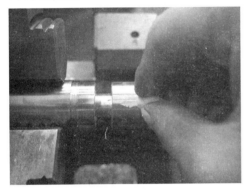

① 使用粉笔涂在工件外圆表面，来为确定圆球轴心位置作辅助。

② 把游标卡尺设定在 14mm 的尺寸位置。

③ 以工件右端面为基准，用游标卡尺在外圆表面 ϕ28mm 的尺寸部分，划出圆球轴线。

④ 使用 45° 外圆车刀的刀尖，对准已经划出的圆球轴线。

⑤ 拉起操作杆，起动车床。

5）车削圆球

① 使用 45° 外圆车刀的刀尖在工件外圆表面轻轻地刻上一刀，刀痕深度要小于 0.05mm。

② 使用 45° 外圆车刀在工件右边倒 45° 大角。

③ 使用 45° 外圆车刀在工件左边倒 45° 大角。

④ 使用刀架扳手装上 R 车刀。

⑤ 使用 R 车刀，采用双手操作法，粗车工件右侧球面，留余量 0.1 ~ 0.5mm。
提示：在车削右侧球面时，不要超过圆球轴线。

⑥ 使用 R 车刀，粗车左侧球表面，留余量 0.1 ~ 0.5mm。

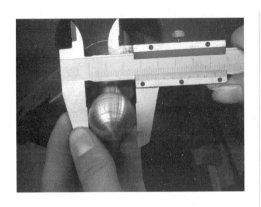

⑦ 粗车圆球表面时，使用游标卡尺检测圆球直径。

提示：使用游标卡尺测量圆球时，一定要测量两个方向。

6）车削圆球

① 当整个圆球外表面基本成形后，再使用 R 车刀，对整个圆球外表面进行精车。

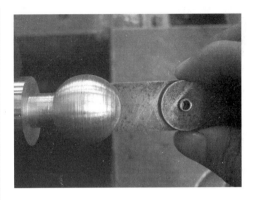

② 使用半径样板（R 规）检测右侧球面的圆度。

提示：检测透光时，一定要均匀，同时还要保证 $S\phi$（ 28 ± 0.05 ）mm 尺寸合格。

③ 使用半径样板（R 规）检测上表球面的圆度。

④ 使用外径千分尺检测圆球

提示：使用外径千分尺检测圆球时，要检测两个以上的方向。

7）倒角

使用 45º 外圆车刀在工件的端面倒角 C1。

8）定长

使用钢直尺和切断刀，定好总长度，长度上留余量 0.2mm。

9）切断

使用切断刀，按 60.2mm 的尺寸进行切断。

10）安装

调头，夹 $\phi(28 \pm 0.05)$ mm 外圆。

11）倒角

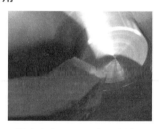

使用 45º 外圆车刀，车平端面，总长 60mm 合格，倒角 C1。

12）成品

车削结束

第十章　偏心工件的加工

一、偏心工件的相关知识及计算

1）在机械传动中，要使回转运动转变为直线运动，或由直线运动转变为回转运动，一般采用曲柄滑块（连杆）机构来实现。当工件外圆和外圆的轴线或内孔与外圆的轴线不在同一轴线上，平行而不重合（偏一个距离）的零件，叫偏心工件。

外圆与外圆偏心的工件叫偏心轴，内孔与外圆偏心的工件叫偏心套，两平行轴线间的距离就是偏心距。

2）自定心卡盘车削偏心工件，垫片厚度的计算公式如下：

$$x = 1.5e \pm K$$

$$K \approx 1.5\Delta e$$

式中　x——垫片厚度；

　　e——偏心距；

　　K——偏心距修正值，正负可按实测结果确定；

　　Δe——试切后，实测偏心距误差。

偏心轴　　　　　　　　　　　偏心套

二、偏心工件的车削方法

⬇ 自定心卡盘上车削偏心工件

1）测量

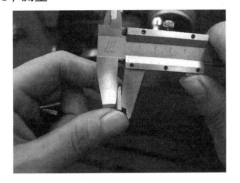

使用游标卡尺测量偏心垫片。

2）摆放

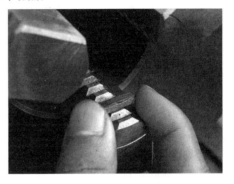

把合格的偏心垫片放在自定心卡盘的卡爪上。

3）安装

安装工件。

4）检查

使用百分表测量、检查工件的偏心距是否正确。

5）车削

使用 90° 外圆车刀，车削偏心工件。

6）结束

偏心工件加工结束。

⬇ 在单动卡盘上车削偏心工件

1）调整

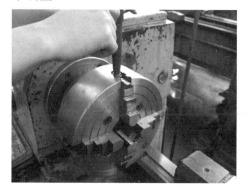

使用刀架扳手，调整单动卡盘的卡爪。

2）装夹

在单动卡盘上装夹工件。

3）校正

在磁力表架上安装百分表，通过调整单动卡盘上的卡爪，找正工件的偏心，直到调整到合格为止。

4）车削

使用45°外圆车刀车削偏心工件。

在双卡盘上车削偏心工件

1）装夹

在单动卡盘上装夹自定心卡盘。

2）校正

在单动卡盘上，使用百分表检查、调整、校正装在自定心卡盘上的工件，并找正合格。

3）车削

可以在双卡盘上车削偏心工件。

在偏心专用夹具上车削偏心工件

安装

安装偏心专用夹具，就可以在偏心专用夹具上车削偏心工件。

⬇ 自制简易偏心套车削偏心轴

1）偏心套

车削好偏心套。

2）装夹

把偏心套装夹在台虎钳的钳口里。

3）开槽

使用手用钢锯在偏心套上锯开一条槽。

4）入套

把偏心工件的毛坯装入偏心套内。

5）安装

使用卡盘扳手把装好偏心工件毛坯的偏心套安装在自定心卡盘里。

6）车削偏心工件

① 移动 90º 外圆车刀。

② 使用 90° 外圆车刀车削偏心工件。

③ 偏心工件车削结束。

7）取下

使用卡盘扳手把装好偏心工件的偏心套从自定心卡盘上取下。

8）移出

把偏心工件从偏心套中取出。

9）成品

使用偏心套简易夹具车削好的偏心工件成品。

三、偏心工件的检测方法及车削质量分析

➲ 1. 偏心工件的检测方法

⬇ 使用偏摆仪检查偏心距

1）准备

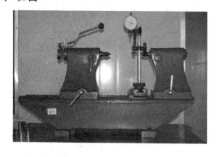

准备平板、偏摆仪、移动表架及百分表。

2）安装

安装偏心工件到偏摆仪两顶尖中，移动百分表表头到偏心工件的测量表面上，调整百分表表头上的指针为"0"。

3）转动

转动偏心工件，看到百分表上指针的变化。

4）读数

从最低点转动偏心工件到最高点，看到百分表盘上的小指针，走了一格，这就表示表盘的大指针走了一整圈，即1mm，偏心距为1mm。

⬇ 使用V形架检查偏心距

1）准备

准备平板、V形架、表架、百分表及偏心工件。

2）检测

① 使用百分表，转动偏心工件检测偏心工件的偏心距。

② 使用百分表，转动偏心工件，找到偏心工件的最高点，再转动到偏心工件的最低点，两者之差就是偏心工件的偏心距。

⊃ 2. 偏心工件的质量分析

▼ 偏心工件的质量分析

质量问题	原因	方法
偏心距不正确	（1）划线及钻中心孔有误 （2）用自定心卡盘加垫块车削时，计算错误或垫块变形 （3）找正偏心距的方法不当 （4）工件没有夹紧或装夹方法不当 （5）车削细长偏心工件时，顶尖支承时的松紧程度不合适，使工件的回转轴线跳动或弯曲，导致主轴线与工件轴线产生误差 （6）测量方法不正确	（1）减少划线及钻中心孔时的误差 （2）复查计算过程，通过热处理，提高垫块的硬度，减少变形 （3）反复找正偏心距，夹紧时力度适当 （4）根据偏心工件的特点，选择合适的装夹方法，顶尖及顶力适当，不宜过松或过紧，在找正偏心距的同时，要保证工件的上素线和侧素线与主轴平行 （5）掌握正确的测量方法
主轴轴线与偏心件轴不平行	（1）划线及钻中心孔误差过大 （2）顶尖顶得过紧，使工件的回转轴线弯曲，导致主轴线与偏心轴线平行度误差过大 （3）切削力和切削温度的影响，使工件产生弯曲变形，造成偏心工件的平行度误差过大	（1）减少划线及钻中心孔的误差 （2）调整好顶尖的松紧度 （3）分粗、精车，选择合理的车刀角度，加注切削液
偏心轴端面的圆度误差过大	（1）车削时，偏心工件静平衡差异产生离心力，导致工件回转轴线弯曲，使工件外圆各处车削深度不等，从而使工件外圆出现圆度误差。静平衡差异越大，则圆度误差越大 （2）车床本身精度低，间隙太大 （3）切削速度越高，离心力越大，工件变形越严重	（1）正确钻好各中心孔，使两端相对应的中心孔同一轴线不歪斜，反复仔细找正工件的静平衡，用两顶尖轻轻地顶住，使工件在任何回转位置上都能停止和转动，加装和选择配重装置 （2）调整车床主轴床鞍，中、小滑板的间隙 （3）切削速度选择适当，变化不宜过大

四、偏心工件的车削实例

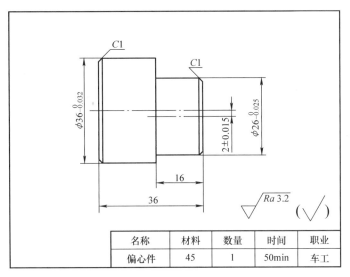

偏心工件的图样

名称	材料	数量	时间	职业
偏心件	45	1	50min	车工

⬇ 自定心卡盘车削偏心件实例

1）准备

① 用自定心卡盘装夹工件毛坯。

② 使用刀架扳手装夹 90° 外圆车刀。

③ 调整车床主轴转速，选择车床主轴转速 500r/min。

2）车削端面、外圆

① 车平工件的端面。

② 使用钢直尺和45°外圆车刀在工件的毛坯表面进行粗定位。

③ 使用45°外圆车刀在工件的毛坯表面刻线。

④ 使用90°外圆车刀车削工件外圆 ϕ36mm 的尺寸。

⑤ 使用游标卡尺测量工件外圆 ϕ36mm 的尺寸。

⑥ 使用90°外圆车刀车削工件外圆长度在 5mm 以内的外圆尺寸，再使用外径千分尺去检查刚刚车削过的工件外圆前端尺寸。

⑦ 使用外径千分尺检测刚刚车削过的工件外圆后端尺寸。

② 使用钢直尺和切断刀在工件的端面处定总长，并留余量。

⑧ 使用45°外圆车刀在工件的端面处倒角 C1。

3）切断

③ 使用切断刀切断工件。

4）安装

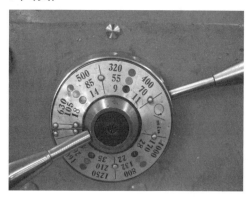

① 调整车床主轴转速，选择车床主轴转速 320r/min。

使用卡盘扳手在自定心卡盘上，将刚切断下来的工件调头安装。

5）定总长

① 使用45º外圆车刀车削工件的端面，保证偏心工件总长36mm。

② 使用游标卡尺测量偏心工件总长36mm。

6）安装、校正偏心垫铁

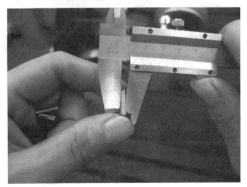

① 使用游标卡尺测量偏心垫铁。

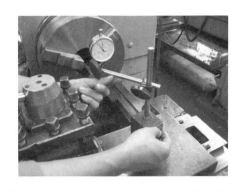

② 将装有磁力表座的百分表安装在车床的中滑板上。

③ 将偏心垫铁放在自定心卡盘的卡爪上。

④ 再把工件装入自定心卡盘及偏心垫铁上。

⑤ 使用卡盘扳手在自定心卡盘上将工件安装夹好，并给工件留出加工偏心必要的长度。

⑥ 将装有偏心垫铁的工件卡爪转动到上方。

⑦ 将百分表的表头移动到工件的表面上。

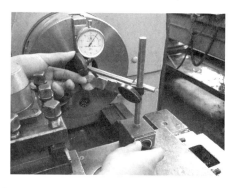

⑧ 调整百分表的表头，找到工件的最低点。

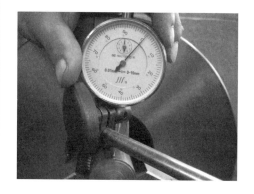

⑨ 调整百分表表头的外壳，使指针刻线对到"0"。

⑩ 将工件转动 180°。

⑪ 读百分表上的数值，即偏心距。

⑫ 纵向移动百分表的表头，移到工件的内端，读百分表的数值

⑬ 再将百分表的表头纵向外移，读百分表的数值是否一致，直到一致为止。

⑭ 反复校正合格后，使用卡盘扳手夹紧工件。

7）车削偏心外圆

① 调整车床主轴转速，选择主轴转速 260r/min，是为了减少偏心件车削时断续切削所带来的冲击。

② 使用钢直尺和90°外圆车刀在工件表面上定出偏心外圆的长度尺寸。

③ 使用90º 外圆车刀在工件表面上刻出偏心外圆的长度尺寸定位线。

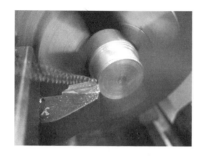

④ 使用90º 外圆车刀车削工件的偏心外圆。

⑤ 工件的偏心外圆车圆后。

⑥ 调整车床主轴转速，选择主轴转速500r/min。

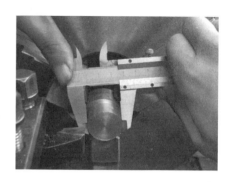

⑦ 使用游标卡尺检测工件偏心外圆的余量。

⑧ 试车削工件偏心外圆一小段 ϕ26mm 尺寸后，移出车刀，使用外径千分尺测量工件偏心外圆 ϕ26mm 尺寸是否合格，合格后继续车削，不合格则调整合格后再车削。

⑨ 工件偏心外圆 ϕ26mm 尺寸车削结束后，使用外径千分尺检测工件偏心外圆 ϕ26mm 的尺寸。

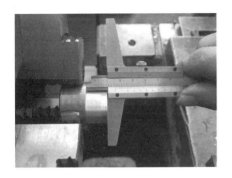

⑩ 使用游标深度尺检测工件偏心外圆深度尺寸 16mm。

8）倒角

使用 45º 外圆车刀在工件偏心外圆端面处倒角 C1。

↓ 单动卡盘车削偏心件实例

1）装夹、找正

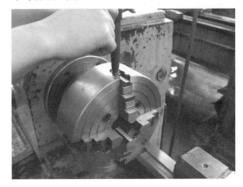

① 使用卡盘扳手，调整单动卡盘的卡爪距离。

② 单动卡盘的卡爪上、下这一组的距离相对主轴中心有意识地往上调一点。

③ 将工件装在单动卡盘里。

④ 单动卡盘的一组对称卡爪略向上，进行偏移。

⑤ 工件装夹时，使用钢直尺，在工件上定长度尺寸 16mm。

⑥ 在单动卡盘的一组对称卡爪上做上标记。

⑦ 将磁力表座上装有百分表的表头移到工件上。

⑧ 在卡爪有标记的方向上进行对表。

⑨ 在低的卡爪位上对好百分表的"0"线。

⑩ 转动单动卡盘180º，在百分表上读数值，就是工件的偏心距，如符合要求，就可以准备车削。

2）车削偏心外圆

① 使用45º外圆车刀，车削工件的端面。

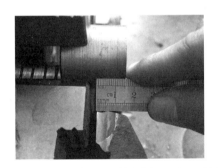

② 使用钢直尺和90º外圆车刀在工件的表面上定长度尺寸。

③ 使用90º外圆车刀在工件的表面上刻线。

④ 使用90º外圆车刀，车削工件的偏心外圆 ϕ 26mm 的尺寸。

⑤ 使用游标深度卡尺，检测偏心外圆的长度尺寸16mm。

⑥ 使用外径千分尺，检测偏心外圆尺寸 $\phi 26mm$。

3）倒角

在工件偏心外圆端面处倒角 $C1$。

4）车削结束

偏心件车削结束。

第十一章　其他加工方法

⊃ 1. 滚花花纹的种类、作用及滚花刀的种类

（1）滚花花纹的种类、作用　在切削工具和机床部件的捏手部位，为了增加摩擦力和工件表面的美观度，通过车床使用滚花刀，就能在工件的表面上滚压出各种不同的花纹，如外径千分尺的微分筒以及铰孔、攻螺纹用的铰杠、扳手等。

⬇ 滚花工件花纹的种类

1）直纹

2）斜纹

3）网纹

滚花花纹的作用是增加工件的摩擦力和工件表面的美观度。

⬇ 滚花刀的种类

1）单轮滚花刀

用于滚压直纹、斜纹。

2）双轮滚花刀

用于滚压网纹。

3）六轮滚花刀

提示：由节距相同的左旋和右旋滚花刀轮组成。

（2）滚花的国家标准（GB/T 6403.3—2008）

▼ 滚花的国家标准　　　　　　　　　　　　　　　　　（单位：mm）

m（模数）	h（滚花深度）	r（滚花齿顶圆弧半径）	P（节距）
0.2	0.132	0.06	0.628
0.3	0.198	0.09	0.942
0.4	0.264	0.12	1.257
0.5	0.326	0.16	1.571

➲ 2. 滚花的方法

（1）滚花部位外径的车削　由于滚花时工件表面产生塑性变形，所以在车削滚花工件外圆时，应根据工件材料的性质和滚花节距的大小，将滚花部位的外圆车小（0.2~0.5）P 或（0.8~1.7）m。

（2）滚花刀的安装　滚花刀安装时，刀杆轴心约低于工件中心 1mm，滚花刀与工件表面平行或把滚花刀尾部装得略向左偏一点，使滚花刀与工件表面产生一个很小的角度（0°~1°），这样滚花刀就容易切入工件表面。

（3）滚花方法

1）开始挤压时，压力一定要大，使工件圆周上一开始就能形成较深的花纹，这样就不容易产生乱纹。

2）为了减少开始时滚压的径向压力，采用滚花刀宽度的 1/2 或 1/3 部分对工件进行试挤压，停机检查，看工件的花纹是否符合图样要求，如符合图样的要求就进行纵向机动进给，滚压工件，滚压次数为 1~2 次。

滚花刀的安装

3）滚花时，选取较慢的转速，浇注切削液，防止滚花轮发热而烧坏。

4）滚花时，背向力较大，工件必须装夹牢靠。

➲ 3. 滚花质量的分析

▼ 滚花质量的分析

质量问题	原因	方法
乱纹	（1）工件外圆周长不能被滚花刀节距 P 整除	（1）把外圆略车小一点，使外圆能被节距 P 整除
	（2）滚轮与工件刚接触时，横向进给压力太小	（2）开始就加大横向进给量，使其压力增大
	（3）滚轮转动不灵活或与滚轮轴的配合间隙太大	（3）检查滚轮，清除滚刀槽中细切屑，给滚轮加油，更换滚轮轴
	（4）工件转速太高，滚轮与工件表面产生打滑	（4）降低工件的转速
	（5）滚轮齿部磨损或滚轮齿间有切屑	（5）更换滚轮或清除切屑
花纹不直	滚花刀的齿纹与工件轴线不平行	滚花刀的齿纹必须与工件轴线平行
花纹有凹坑	压力过大，进给过慢	压力适中，进给不宜太慢

➲ 4. 滚花工件加工实例

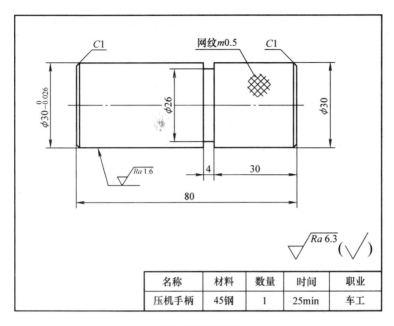

名称	材料	数量	时间	职业
压机手柄	45钢	1	25min	车工

压机手柄的图样

⬇ 压机手柄滚花加工实例

1）安装滚花刀

① 把车削好的工件装夹在自动定心卡盘里，把滚花刀安装在刀架上。

② 把滚花刀与走刀方向偏 1° 左右的一个夹角。

③ 使用刀架扳手压紧滚花刀的刀杆。

2）换档、调速

调整车床主轴转速，选取主轴转速 11r/min 档位。

提示：滚花时，要选取较低的主轴转速。

3）调整进给量

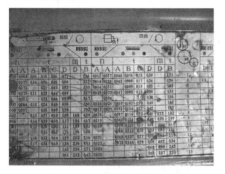

① 按车床的铭牌进行选择、调整进给量 0.25mm/r。

② 按车床的铭牌，调整相应的手柄位置。

4）滚花准备

① 将滚花刀贴在工件上，使工件处于两个滚轮之间。

② 使用油枪给工件和滚花刀的滚轮加油（可以使用切削液）。

5）滚花

① 提起操作手柄，起动车床。

② 用力转动中滑板手柄，将滚花刀压入工件的表面。

提示：压力要大，使滚花刀刚接触工件表面就能形成较深的花纹，这样工件表面的花纹不容易乱扣。

③ 可先使用滚花刀的1/2或1/3部分对工件表面进行挤压，这样可有效地减少径向压力。

④ 接着合上纵向走刀手柄，进行自动滚压。

⑤ 一次滚花结束后，如果滚花的花纹还不够深度，则重复滚花1~2次，直到合格为止。

6）测量

使用游标卡尺测量滚花工件的外径尺寸。

7）成品

滚花工件成品。

⮕ 5. 特形面及滚花零件车削实例

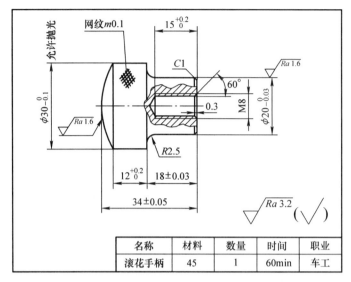

滚花手柄的图样

名称	材料	数量	时间	职业
滚花手柄	45	1	60min	车工

▼ 滚花手柄滚花加工实例

1）准备

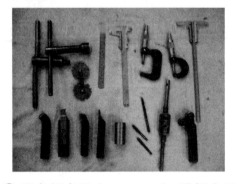

① 准备钢直尺（0~150mm）、游标卡尺（0~150mm）、外径千分尺（0~25mm、25~50mm）、游标深度卡尺（0~200mm）、网纹滚花刀、M8丝锥、铰杠、ϕ6.8mm直柄麻花钻头、R规、R车刀、45°及90°外圆车刀、切断车刀、刀架、卡盘扳手等。

② 使用卡盘扳手将工件毛坯装夹在自定心卡盘里。

③ 使用45°外圆车刀和钢直尺，在工件表面进行定长44mm。

④ 使用刀架扳手，安装 45° 外圆车刀。

⑤ 选择车床主轴转速，主轴转速为 500r/min。

2）车削端面、外圆

① 用手提起操纵杆，起动车床。

② 使用 45° 外圆车刀，车平工件的端面。

③ 使用 45° 外圆车刀，粗车工件外圆，外径车削到 ϕ31mm 尺寸。

④ 使用游标卡尺检测工件外径尺寸 ϕ31mm。

⑤ 使用钢直尺、45° 外圆车刀在工件表面定长 18mm。

⑥ 起动车床，使用 45° 外圆车刀，在工件表面上刻线。

⑦ 使用45°外圆车刀，车削工件外圆 ϕ20mm尺寸，台阶长度为18mm。

⑧ 使用深度游标卡尺检测工件18mm长度是否合格，工件外圆与台阶面连接 R2.5mm在长度方向留余量。

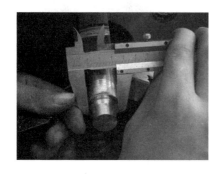

⑨ 使用游标卡尺检测工件外圆，在工件直径方向留好 R2.5mm 的车削余量。

⑩ 使用90°外圆车刀，精车工件 $\phi 30_{-0.1}^{0}$mm，按 $\phi 30_{-0.18}^{-0.12}$mm 车削，$\phi 20_{-0.03}^{0}$mm 车削合格。

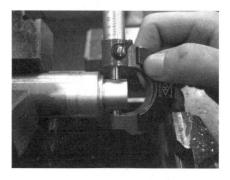

⑪ 使用外径千分尺检测工件外圆 $\phi 20_{-0.03}^{0}$mm 的尺寸。

⑫ 使用外径千分尺检测工件外圆 $\phi 30_{-0.18}^{-0.12}$mm 的尺寸。

3）车削 R 圆弧

① 使用标准 R 车刀，在工件表面车削 *R*2.5mm 圆弧。

② 使用 R 规在工件上检测 *R*2.5mm 圆弧。

4）倒角

使用 45º 外圆车刀，在工件端面倒角 *C*1。

5）钻削内螺纹的底孔

① 将钻夹头安装到车床尾座的套管内。

② 钻夹头里装上 ϕ 6.8mm 麻花钻头，用来钻削工件内螺纹的底孔。

③ 将车床尾座拉向工件。

④ 使麻花钻头贴近工件的端面。

⑤ 钻削内螺纹的底孔。

⑥ 使用钢直尺，控制钻削工件内螺纹底孔的深度。

6）攻螺纹

① 从尾座套管内取出钻夹头，换上活动顶尖，活动顶尖能在丝锥攻内螺纹时，用来辅助支承丝锥。

② 调整车床主轴转速，调到转速 14r/min。提示：车床主轴转速低，有利于攻内螺纹。

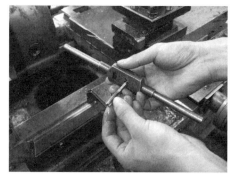

③ 将丝锥安装到丝锥铰杠里。

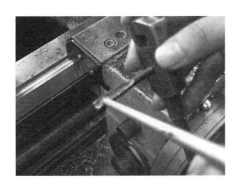

④ 对丝锥切削部分刷上切削油。

⑤ 把安装在尾座上的活动顶尖直接顶在丝锥尾部的顶尖孔内。

⑥ 攻螺纹时，要边转动丝锥，边移动活动顶尖，让活动顶尖与丝锥同步移动，并始终保持活动顶尖处于支承状态，攻螺纹结束后，退出丝锥、活动顶尖、尾座。

7）滚花准备

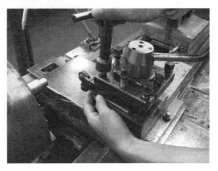

① 在刀架上安装滚花刀。

② 调整车床主轴转速，把主轴转速11r/min。

③ 变换档位，进给量调整 0.2~0.5mm。

④ 把上、下两滚轮压在工件之间。

8）滚花

① 提起操纵杆，起动车床，主轴开始运转。

② 双手握住中滑板手柄，用力压向工件表面。

提示：如果工件的网纹不深，最好一次就压到位。

③ 用油枪对工件和滚花轮的挤压部位加机油或豆油。

④ 用手操作自动进给手柄，纵向走刀进行自动进给，滚压工件。

⑤ 如果网纹较深，需要反复进行多次滚压。

▶ 滚花

⑥ 滚花时注意控制滚花长度。

9）切断

① 使用深度游标卡尺测量工件的滚花长度，以工件的右端面为基准，长度大于34mm。

② 工件的切断长度按 34.05mm（34mm ± 0.05mm）。

10）定长

① 工件调头，夹住工件 $\phi 20_{-0.03}^{\ 0}$mm 外圆。

② 车削工件端面，定总长（34 ± 0.05）mm 至合格。

③ 使用深度游标卡尺测量工件的总长。

④ 使用钢直尺，定工件的滚花长度。

⑤ 车削工件滚花位置长度 $12^{+0.2}_{0}$ mm 至合格。

11）双手操作车削圆弧

① 使用双手操纵法，车削工件的圆弧。

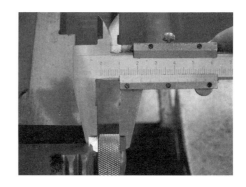

② 使用游标卡尺检测工件长度 12mm。

12）加工结束

成品。

二、制作螺旋弹簧

➲ 1. 螺旋弹簧的种类

⬇ 螺旋弹簧的分类及用途

1）拉伸弹簧

能用于测量，回位，如弹簧测力计、弹簧门。

2）压缩弹簧

能缓冲、减震、储能，用于汽车上的减震器、手工工具、发动机节气门弹簧。

⬇ 螺旋弹簧的常见种类

1）圆柱形弹簧

2）圆锥形弹簧

3）橄榄形弹簧

➲ 2. 螺旋弹簧芯轴尺寸计算

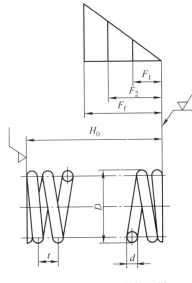

技术要求

1. 旋向
2. 有效圈数
3. 总圈数
4. 工作极限应力
5. (热处理要求)
6. (检验要求)

弹簧图样

弹簧各部分名称如下：

图中　D——弹簧外径（mm）；

　　　d——钢丝直径（mm）；

　　　D_1——弹簧内径（mm），$D_1 = D-d$；

　　　t——弹簧节距（mm），即各圈之间的距离。

⊃ 3. 盘绕螺旋弹簧用的芯轴

芯轴是用于盘绕弹簧的主要工具。芯轴的长短是由弹簧长度决定的，应比弹簧略长。芯轴的直径（比弹簧内径小）大小非常重要，如果直径不准确，那么盘出来的弹簧直径就不符合要求。确定芯轴直径也是比较困难的，因为弹簧盘好后直径会扩大，由于钢丝弹性不同和直径不同，弹簧直径扩大量也不同。芯轴的直径可用下面经验公式计算：

$$D_0 = \left[\left(1 - 0.016 \times \frac{d+D_1}{d}\right) \pm 0.02\right] \times D_1$$

式中　D_0——芯轴直径（mm）；

　　　D_1——弹簧内径（mm）；

　　　d——钢丝直径（mm）。

⊃ 4. 盘绕螺旋弹簧的方法

（1）调整　根据弹簧节距，调整进给箱手柄和交换齿轮（与车螺纹相同）。

（2）安装　将钢丝一端装入芯轴外圆的小孔中，另一端夹在刀架上的槽铁，把垫片磨一个小槽并装在刀架上，用刀架螺钉来控制钢丝的松紧程度，不能夹得太紧，只要钢丝能用力拉出来就可以了。

（3）操作　按下闸瓦，起动车床主轴进行盘绕。当弹簧盘到接近卡盘时，停机，使用火钳工具或钢锯把钢丝扭断。必须注意安全，防止弹簧直径在扩张时弹伤手。最后将弹簧从芯轴上取下来。

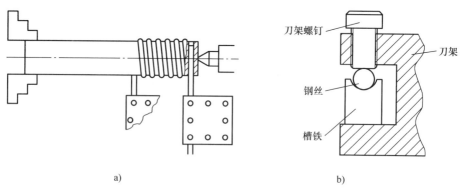

a)

b)

盘绕螺旋弹簧

⊃ 5. 盘绕螺旋弹簧实例

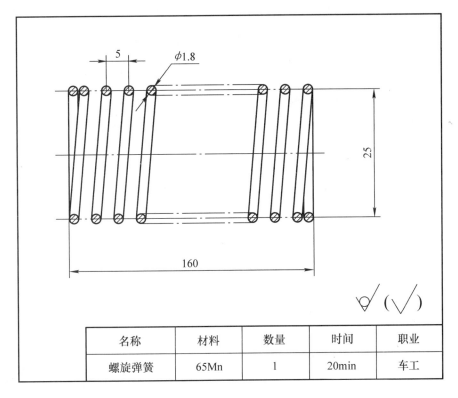

螺旋弹簧图样

名称	材料	数量	时间	职业
螺旋弹簧	65Mn	1	20min	车工

⬇ 螺旋弹簧盘绕步骤

1）准备芯轴

① 车削一根绕弹簧的芯轴，芯轴的尺寸是 φ18mm×220mm。

② 取下芯轴，将芯轴夹持在台虎钳上，使用样冲和锤子在芯轴端面 15mm 处打上样冲眼。

③ 取下芯轴，将芯轴夹持在台式钻床的平口钳上。

④ 使用麻花钻头（麻花钻头的尺寸略大于钢丝直径），在芯轴样冲眼处，钻出一个穿钢丝的通孔。

⑤ 在车床上，将已经钻完通孔的芯轴，采用一夹一顶的方式，进行安装。

2）校正尾座

① 在车床中滑板上，安装磁力表座、百分表，把百分表的表头对准车床尾座的套筒，校正车床的尾座。

② 根据百分表的读数值，用车床尾座调整的专用扳手，调整车床的尾座偏移，使其与工件轴线同轴。

③ 调整结束后，用手搬动车床尾座的锁紧手柄，锁住尾座。

3）制作垫块

① 手持钢丝支承垫块，在砂轮面的砂轮上磨出一个小圆槽，槽的深度要小于钢丝的直径。

② 用磨好的钢丝支承垫块。

4）安装钢丝、支承块

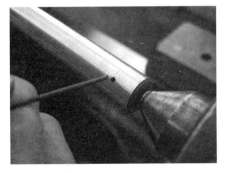

① 用于将钢丝穿过芯轴的小孔。

② 把前面做好的钢丝支承块，横向放在刀架上。

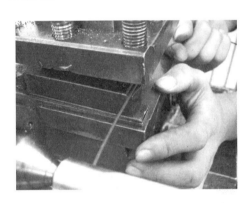

③ 将钢丝放入支承块的槽内。

④ 用一块 3mm 厚的钢板压在钢丝上。

⑤ 使用刀架扳手，锁紧刀架的第二个螺栓，用于紧固钢丝支承块。

⑥ 使用刀架扳手，适当锁紧刀架第一个螺栓，用于调节压板与钢丝之间松紧。

5）准备绕弹簧

① 调整主轴转速，选择主轴转速 14r/min。

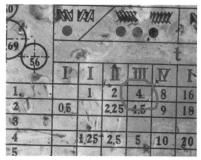

② 根据图样弹簧节距的要求，选择螺距4mm。

6）准备绕弹簧

按照车床铭牌螺距 4mm 的要求，调整相应手柄。

7）绕弹簧

① 压下开合螺母的手柄。

② 提起操作手柄，起动车床。

③ 车床起动后，芯轴转动，刀架带钢丝移动，绕出前三扣弹簧。

④ 使用游标卡尺检查、确认钢丝二扣的节距是 8mm（弹簧图样的节距是 4mm）。

⑤ 继续绕钢丝，到规定长度后，停机。

8）剪断

使用夹钳工具直接剪断钢丝。

9）磨断

把芯轴和绕在上面的钢丝从车床上一起取下，让穿在芯轴孔里一端的钢丝对准砂轮，用砂轮直接把钢丝磨断。

10）取出弹簧

从芯轴中取出螺旋弹簧。

11）弹簧成品

① 螺旋弹簧直线型成品。

② 双手弯曲螺旋弹簧。